百姓家常菜系列

一本就够

尚锦文化 编

刘志刚 杨跃祥 摄影

中国纺织出版社

目录 CONTENTS

禽肉类

鸡肉

畜肉类

牛肉

羊肉

水产类

鱼

蟹

贝壳

鲜蔬

其他

原料 鸡腿肉200克，油炸花生米50克

调料 盐、酱油、水淀粉、糖、醋、味精、料酒、高汤、干辣椒段、花椒、葱、姜、蒜各适量

做法 1 鸡腿肉拍松，切丁；鸡丁用盐、酱油、水淀粉拌匀；将盐、酱油、糖、醋、味精、料酒、水淀粉、高汤调成味汁。

2 油锅烧热，将干辣椒段炒至棕红色，再下花椒，随即放入鸡丁炒散，将葱、姜、蒜放入快炒，加入味汁翻炒，起锅前将花生米放入炒匀即可。

小炒鸡丁

原料 鸡脯肉200克，豆苗250克

调料 盐、料酒、蛋清、淀粉、味精、高汤、姜片、色拉油各适量

做法 1 鸡脯肉洗净切片，加盐、料酒、蛋清、淀粉上浆；豆苗洗净，沥干水分。

2 取碗加入盐、料酒、味精、淀粉、高汤对成芡汁。

3 锅内加油烧热，入姜片煸香，放入鸡片炒至变色，加豆苗略炒，倒入对好的芡汁翻炒均匀即可。

豆苗炒鸡片

辣炒鸡翅

原料 鸡翅400克，青椒片、辣椒段各50克

调料 料酒、盐、胡椒粉、白糖、味精、酱油、香醋、水淀粉、色拉油、蒜片、豆瓣酱、葱段、姜片、香油各适量

做法

1. 将鸡翅用料酒、盐和胡椒粉腌渍10分钟；料酒、白糖、味精、酱油、香醋和水淀粉对成味汁。
2. 炒锅烧热，放油，入鸡翅炸熟，倒入漏勺沥油。
3. 炒锅留底油，炒香蒜片后放入豆瓣酱，爆香葱段、姜片，加鸡翅、青椒片、辣椒段，倒入味汁，炒匀后淋少许香油，出锅即可。

麻辣鸡块

原料 鸡腿肉500克

调料 盐、料酒、姜、蒜、干红辣椒、花椒、葱段、味精、糖、熟芝麻、色拉油各适量

做法

1. 鸡腿肉切小块，放盐和料酒拌匀，入八成热的油锅中炸至表面变成深黄色，捞出沥油；干红辣椒和葱切段，姜、蒜切片。
2. 油锅烧至七成热，放入姜、蒜炒出香味，倒入干辣椒和花椒，翻炒至气味开始炝鼻、油变黄，下鸡块炒匀，加入葱段、味精、糖、熟芝麻，炒匀即可。

咸香麻辣的口味，加上酥嫩的鸡肉，美味又营养。

原料 鸡脯肉300克，酱瓜15克，酱生姜10克，青椒、红椒、蛋清各1个

调料 色拉油800克，酱油10克，味精2克，水淀粉适量

做法 1 鸡脯肉洗净，切成片，用蛋清、水淀粉上浆；酱瓜、酱生姜切成片，用清水浸泡；青红椒切小菱形片。

2 油锅烧至四成热，放鸡片及酱瓜片、酱生姜片过油捞出；锅内留底油，加水、酱油，烧沸后加味精，勾芡，倒入鸡片、酱瓜、酱生姜和青红椒片，略翻炒即可。

瓜姜鸡片

酱爆鸡丁

原料 鸡脯肉200克

调料 酱油适量，鸡蛋半个，水淀粉8克，黄酱25克，料酒7克，白糖25克，姜汁3克，芝麻油5克

做法 1 将鸡脯肉去筋皮，切成1厘米见方的丁，再加入酱油、鸡蛋、水淀粉上浆。

2 炒锅里放油烧至四成热，放入鸡丁滑透。

3 锅中留底油，放入黄酱、料酒、白糖和姜汁炒至发黏时放入鸡丁翻炒几下，见黄酱均匀地裹在鸡丁上后，淋明油出锅装盘。

原料 鸡脯肉180克

调料 盐、水淀粉、鸡蛋清、面粉、蒜泥、番茄酱、白糖、料酒、色拉油各适量

做法 1 鸡脯肉切成薄片，加盐、水淀粉、鸡蛋清上浆；面粉调成糊；将鸡片挂上糊，逐片入油炸至金黄，捞出。

2 炒锅留底油，放蒜泥略煸，加番茄酱、白糖、盐、料酒搅匀，沸后勾芡，倒入鸡片，翻拌均匀，装盘即可。

茄汁鸡片

怪味鸡丁

原料 鸡脯肉250克，青椒1个，泡椒1个

调料 盐、水淀粉、鸡蛋清、姜、葱、蒜泥、豆瓣酱、花椒粉、醋、味精、白糖、色拉油各适量

做法
1 鸡脯肉切丁，加盐、水淀粉、鸡蛋清上浆；青椒、泡椒切成片。
2 锅置火上，放入油烧至四成热，将鸡丁滑油盛出；青椒片用油焐熟，待用。
3 锅留底油，加姜、葱、蒜泥、泡椒片、豆瓣酱、花椒粉、醋、味精、白糖调味，烧沸后勾芡，放鸡丁、青椒炒匀，装盘即可。

宫保鸡丁

原料 鸡脯肉250克，去皮炸花生米25克

调料 盐、鸡蛋清、水淀粉、干辣椒、花椒、姜末、葱花、蒜泥、味精、料酒、白糖、酱油、醋、色拉油、辣油各适量

做法
1 鸡脯肉切成丁，加盐、鸡蛋清、水淀粉上浆。
2 锅置火上，放油烧至四成热，倒入鸡丁滑油，待用。
3 炒锅留底油，放入干辣椒、花椒略炸，加姜末、葱花、蒜泥略煸，加盐、味精、料酒、白糖、酱油、醋调味，勾芡，倒入鸡丁、花生米，翻炒均匀，淋辣油，装盘即可。

山野菜炒鸡丝

原料 山野菜200克，鸡脯肉300克

调料 蛋清1个，葱花10克，盐2克，味精3克，淀粉、色拉油各适量

做法
1 山野菜切段；鸡肉切丝，用蛋清、淀粉上浆。
2 锅内加油烧五成热，下鸡丝滑熟。
3 锅留油烧热，下葱花爆香，放山野菜、鸡丝炒匀，加盐、味精炒熟即可。

Tips

山野菜的纤维含量很高，是普通蔬菜的4~7倍，十分利于排毒。

蘑菇鸡片

原料 鸡脯肉200克，蘑菇200克，青红椒50克

调料 鸡蛋1个，淀粉20克，葱10克，姜片5克，盐2克，鸡汁4克，味精3克，香油2克，色拉油适量

做法 1 鸡脯肉切片，用鸡蛋、淀粉上浆；蘑菇用手撕片，焯水；青红椒切块。

2 锅内加油烧四五成热，入鸡片滑熟。

3 锅留油烧热，下葱、姜炝锅，放鸡片、蘑菇、青红椒、盐、鸡汁炒匀，加味精炒熟，淋香油即可。

泡椒姜爆鸡

原料 三黄鸡300克

调料 盐3克，料酒15克，胡椒粉3克，葱段10克，花椒10克，干辣椒10克，蒜片8克，泡椒15克，泡姜10克，豆瓣酱20克，味精5克，葱花10克，色拉油适量

做法 1 三黄鸡斩块，加盐、料酒、胡椒粉、葱腌30分钟以上，入油炸约8分钟，沥油；泡椒切小段；泡姜切片。

2 锅中留适量油，放花椒、辣椒、蒜、泡椒、泡姜炒出香味，再加豆瓣酱炒香，放鸡块炒匀，烹入料酒、味精调味，装盘撒葱花即可。

干烧鸡块

原料 带骨鸡块500克，土豆100克

调料 姜片5克，干辣椒段5克，高汤100克，料酒10克，盐4克，味精3克，酱油8克，色拉油适量

做法 1 将鸡块洗净，沥干水分，过油；土豆去皮，切滚刀块。

2 锅内加油，煸香姜片、干辣椒段，加高汤、鸡块烧开，放入土豆块，烹入料酒，用盐、味精、酱油调味，收汁装盘即可。

Tips 老母鸡不易熟，应用仔鸡。

果仁仔鸡

原料 小仔鸡1只，熟去皮花生仁、药芹段各50克

调料 盐、干辣椒粉各2克，味精、椒盐各1克，料酒15克，干辣椒10只，葱、姜、蒜片各20克，色拉油800克

做法 1 鸡洗净，剁块，用盐、味精、料酒腌渍；油锅烧至六成热，放入鸡块炸至金黄色捞出。

2 锅留底油，加入葱、姜、蒜片略煸后，加干辣椒、鸡块、花生仁、药芹段煸炒，再撒上干辣椒粉，最后撒上椒盐拌匀即成。

Tips 还可加入核桃或板栗等干果，让营养更丰富。

滑子菇炒鸡丁

原料 滑子菇250克，鸡脯肉100克

调料 水淀粉、料酒、姜末、盐、味精、糖、酱油、高汤、葱花、色拉油各适量

做法
1 鸡脯肉切丁，加水淀粉、料酒、盐上浆。
2 滑子菇洗净，入沸水中焯水捞出。
3 炒锅加油烧热，放鸡丁炒至变色，放姜末、滑子菇、盐、味精、糖、酱油、少许高汤炒匀，用水淀粉勾芡，淋明油，撒上葱花即可。

金针鸡丝

原料 鸡脯肉150克，金针菜350克

调料 盐、料酒、蛋清、淀粉、姜、红椒丝、味精、胡椒粉、葱段、色拉油各适量

做法
1 鸡脯肉切丝，加盐、料酒、蛋清、淀粉、拌匀，待用；金针菜泡发择净，入沸水略烫。
2 锅放油烧至四成热，下鸡丝过油炒散。
3 锅留底油，下姜炒香，倒入鸡丝、金针菜、红椒丝，加盐、味精、胡椒粉调味，翻炒均匀，撒上葱段即可。

菊花鸡丝

原料 鸡脯肉250克，白菊花1朵

调料 盐、水淀粉、鸡蛋清、料酒、味精、色拉油各适量

做法
1 鸡脯肉切成丝，加盐、水淀粉、鸡蛋清上浆；白菊花去蒂，洗净后摘下花瓣。
2 锅置火上，放入油烧至四成热，放入鸡丝滑油，待用。
3 锅留底油，加料酒、盐、味精调味，勾芡，放鸡丝、菊花瓣炒匀，装盘即可。

蚝油鸡丁煲

原料 鸡腿750克，香菇4朵，胡萝卜半根，生菜少许

调料 生抽、胡椒粉、色拉油、葱、姜、干辣椒、蚝油、白糖、料酒、高汤各适量

做法
1 鸡腿去骨洗净切丁，放在碗中加生抽2小勺、胡椒粉半勺、色拉油1大勺腌制10～15分钟。
2 香菇、胡萝卜切丁；葱切段；姜切丝；干辣椒切成小段；生菜大火快炒，盛入小砂锅内。
3 锅中入油烧至七成热，放入鸡丁炒香，再加入香菇丁、胡萝卜丁、葱段、姜丝及干辣椒。
4 鸡丁炒至八成熟，加蚝油1大勺、白糖半勺、料酒1大勺、高汤半碗，放在生菜上即可。

鸡米芽菜

原料 鸡脯肉300克，青椒1个，红椒1个，芽菜适量

调料 盐、料酒、淀粉、胡椒粉、葱段、姜末、郫县豆瓣酱、花椒粉、色拉油各适量

做法
1. 鸡脯肉切成小粒，加盐、料酒、淀粉、胡椒粉腌渍30分钟。
2. 锅加足量油，烧至七成热，鸡肉粒入锅滑油，至变色即捞出。
3. 锅留底油，加入葱段、姜末、郫县豆瓣酱炒香，放入芽菜煸炒，再加入鸡肉粒翻炒，加盐、花椒粉、青椒粒、红椒粒炒匀即可。

Tips
袋装芽菜超市咸菜架有售。

重庆辣子鸡

原料 净光仔鸡1只（400克）

调料 酱油、盐、味精、料酒、干红辣椒、花椒、色拉油各适量

做法
1. 仔鸡剁成小丁，加酱油、盐、味精、料酒腌渍半小时。
2. 油锅烧至七成热，投入鸡丁，炸成金黄色，捞出沥油。
3. 锅留底油，放干红辣椒、花椒，急火翻炒，煸出香味，加入鸡丁爆炒均匀即可。

Tips
油温要控制好，若油不够热，要炸很久才能将外表炸干，但同时里面也干了，口感就不会外酥里嫩了。

辣子鸡丁

原料 光土鸡1只（约1000克），干辣椒50克，青椒片100克

调料 盐、芝麻、香油、花椒油、色拉油各适量

做法
1. 将光土鸡洗净、切块后用盐腌制；将干辣椒切成段后，入油锅干煸，装盘待用。
2. 炒锅放油，烧至八成热，鸡块入油炸酥，盛盘。
3. 锅留底油，将干辣椒段、青椒片翻炒，再放鸡块同煸1分钟，当鸡块变红时，加少许芝麻、香油、花椒油炒匀，即可装盘。

Tips 香油酌情添加，若不喜欢香油味道，也可不加。

醋熘鸡

原料 鸡块300克，香菇、冬笋各50克

调料 盐、料酒、干淀粉、葱花、姜末、蒜泥、番茄酱、糖、水淀粉、白醋、香油各适量

做法
1. 鸡块用盐、料酒腌渍约半小时；香菇、冬笋切块，焯水。
2. 鸡块拍匀干淀粉，入油炸至金黄，捞出控油。
3. 锅留底油，放葱花、姜末、蒜泥爆出香味后，加料酒、番茄酱、糖、水煮开，勾芡，将鸡块、香菇、冬笋放进锅里，烹白醋，起锅装盘，淋香油即可。

贵妃鸡翅

原料 鸡翅600克

调料 糖50克，葱段、姜片、干辣椒、花椒、八角、酱油、色拉油、料酒、味精各适量

做法

1. 鸡翅洗净，焯水后沥干；油锅烧热，下葱段、姜片、干辣椒、花椒、八角爆香待用。
2. 油锅放糖，炒到糖融化起泡，再至泡沫消退、糖变金黄时，放鸡翅翻炒至鸡翅变金黄。
3. 将鸡翅放入热水锅中，水淹没鸡翅，加料酒、味精、酱油，把鸡翅炖烂，汤汁变少时改大火收浓汤汁即可。

酱爆桃仁鸡

原料 仔鸡半只，桃仁适量

调料 料酒、黄豆酱、生抽、干淀粉、洋葱、豆豉、彩椒、蚝油、白糖各适量

做法

1. 仔鸡切块，用料酒、黄豆酱、生抽腌制。
2. 将腌好的鸡块撒上干淀粉。
3. 锅中入底油烧热，依次煸炒桃仁、鸡块，盛出备用。
4. 锅中入少许油烧热，炒香洋葱和豆豉，下入黄豆酱、彩椒粒、鸡块煸炒。
5. 最后放入蚝油、白糖，下入桃仁即可出锅。

辣子鸡

原料 仔鸡500克，干辣椒100克

调料 盐2克，料酒10克，葱花10克，姜片5克，蒜片10克，花椒10克，味精3克，糖2克，色拉油适量

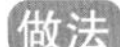

做法

1. 仔鸡处理后，用盐、料酒腌制20分钟。
2. 锅内加油烧五成热，下腌好的鸡块炸至金黄色，捞出沥油。
3. 锅留油烧热，下葱、姜、蒜、干辣椒、花椒、鸡块炒入味，加盐、味精、糖炒熟即可。

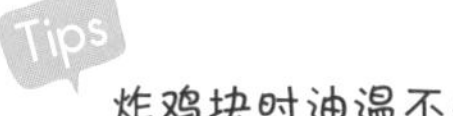

Tips 炸鸡块时油温不要太高，一定要炸到外酥里嫩。

客家小炒

原料 鸡丝150克，鱿鱼1条，青椒丝50克，辣椒片50克

调料 米酒10克，葱段3根，酱油10克，白糖10克，味精10克，色拉油适量

做法

1. 将鸡丝入沸水煮熟；鱿鱼去外膜，切丝，洗净，加米酒泡20分钟。
2. 油锅烧热，入鸡丝、鱿鱼丝炸至表面呈金黄色，捞出。
3. 另起锅入油，爆香葱段、辣椒片、青椒丝，再倒入鸡丝、鱿鱼丝拌炒均匀后，放入酱油、米酒、白糖、味精，快速翻炒数下即可。

鸡里蹦

原料 鸡脯肉150克，虾仁150克

调料 盐3克，姜汁6克，味精2克，料酒6克，蛋清、高汤、淀粉、蒜片、豆瓣酱各适量

做法

1. 鸡脯肉去筋膜切丁，洗净，加蛋清、盐、淀粉浆好；虾仁挑去肠线洗净，加入盐、蛋清、淀粉浆好。
2. 碗里放汤、姜汁、盐、味精、料酒、淀粉、蒜片、豆瓣酱调成芡汁备用。
3. 炒锅放油，烧至二三成热时放入鸡丁和虾仁滑透，控净油再倒回炒锅，翻炒几下后倒入芡汁，炒匀，淋明油装盘即可。

熘鸡丸

原料　鸡脯肉180克，笋丁10克，莴笋丁10克，水发香菇丁5克

调料　盐、鸡蛋清、水淀粉、姜末、葱花、蒜泥、酱油、白糖、醋、味精、色拉油各适量

做法
1. 鸡脯肉斩蓉，用盐、鸡蛋清、水淀粉拌匀。
2. 锅中放油烧至五成热，将鸡蓉挤成小丸入锅中炸至金黄，捞出。
3. 炒锅留底油，投入笋丁、莴笋丁、香菇丁、姜末、葱花、蒜泥略煸，加入酱油、白糖、醋、味精，勾芡，倒入鸡丸，炒匀装盘即可。

熘鸡丁

原料　鸡脯肉250克，马蹄丁50克，青红尖椒各少许

调料　盐、鸡蛋清、水淀粉、姜末、葱花、料酒、味精、白糖、酱油、醋、色拉油各适量

做法
1. 鸡脯肉切丁，加盐、鸡蛋清、水淀粉上浆。
2. 锅中放油烧至四成热，下鸡丁滑油。
3. 锅内留底油，放姜末、葱花略煸，加马蹄丁、料酒，用盐、味精、白糖、酱油调味，烧沸后勾芡，倒入鸡丁、青红尖椒翻炒均匀，淋醋，装盘即可。

麻辣鸡丝

原料　鸡脯肉250克，干红椒3个

调料　花椒10粒，盐、水淀粉、鸡蛋清、姜末、葱花、味精、酱油、白糖、辣油、色拉油各适量

做法
1. 鸡脯肉切成丝，加盐、水淀粉、鸡蛋清上浆；干红椒切成段。
2. 锅中放油烧至四成热，下鸡丝滑油。
3. 锅留底油，投入干红椒、花椒、姜末、葱花略煸，加盐、味精、酱油、白糖调味，勾芡，入鸡丝炒匀，淋上辣油即可。

莴笋仔鸡

原料 仔鸡200克，莴笋200克，胡萝卜少许

调料 姜、蒜、料酒、清汤、盐、味精、胡椒粉、酱油、色拉油各适量

做法

1. 莴笋去皮，切滚刀块；胡萝卜切块；仔鸡切3厘米见方的块，入沸水焯透，控干待用。
2. 锅放油烧热，炒香姜、蒜，下仔鸡、料酒、清汤，加盐、味精、胡椒粉、酱油调味，焖至鸡块九成熟，下莴笋、胡萝卜，焖至莴笋熟透入味，大火收汁即可。

五彩滑鸡丁

原料 鸡脯肉、腰果、青椒、红椒各适量，土豆丝雀巢（土豆切细丝炸制而成）1个

调料 盐、味精、胡椒粉、水淀粉、鸡汤、色拉油各适量

做法

1. 鸡脯肉改刀成丁，加盐、味精、胡椒粉、水淀粉上浆；青红椒切成丁。
2. 锅中入色拉油烧热，入鸡丁、腰果、青红椒滑油，倒出，沥油。
3. 锅中留底油，加盐、味精、鸡汤烧开，以水淀粉勾芡，下鸡丁、腰果、青红椒丁炒匀后装入土豆丝雀巢中即可。

南瓜咖喱鸡

原料 鸡腿200克，洋葱50克，南瓜250克

调料 葱、高汤、咖喱酱、盐、味精、糖、色拉油各适量

做法

1. 鸡腿洗净剁块，入沸水中焯去血水；南瓜切块；洋葱切片。
2. 锅内加油烧热，放葱爆香，加鸡腿、南瓜、高汤烧沸，用小火烧熟。
3. 加洋葱片、咖喱酱、盐、味精、糖炒匀，烧至汤汁快干时即可。

原料 鸡脯肉150克，茄子、山药、洋葱各50克

调料 料酒、淀粉、盐、葱末、姜末、番茄酱、酱油、白糖、味精各适量

做法 1 鸡肉切丁，加料酒、淀粉、盐腌制；茄丁、山药丁滑油；洋葱煸炒后备用。

2 锅中入油烧热，下入鸡丁煸炒至变色，再放入葱末、姜末，加料酒、番茄酱炒匀，加酱油调色后放入茄丁，调入白糖，继续煸炒，再下入山药丁、洋葱、调味精和盐，炒匀即可出锅。

原料 鸡脯肉、绿豆芽、青椒丝、红椒丝各适量

调料 盐、鸡蛋清、淀粉、味精、香油、色拉油各适量

做法 1 鸡脯肉批成薄片，切丝，加盐、鸡蛋清、淀粉上浆；绿豆芽去头尾。

2 油锅烧热，鸡丝入油滑熟。

3 锅留底油，放入鸡丝与豆芽、青椒丝、红椒丝同炒，加盐、味精调味，起锅淋香油即可。

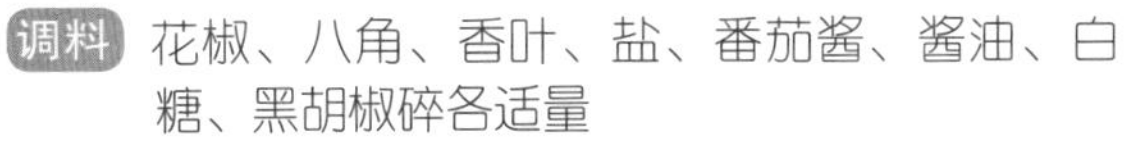

原料 鸡翅中500克

调料 花椒、八角、香叶、盐、番茄酱、酱油、白糖、黑胡椒碎各适量

做法 1 翅中洗净后放冷水锅中，加花椒、八角、香叶、盐，煮熟后捞出；用番茄酱、酱油、白糖调成酱汁。

2 锅中入油烧至八九成热时下入鸡翅中，炒至外皮焦黄。

3 倒入酱汁翻炒均匀，撒入黑胡椒碎，继续翻炒一会儿即可。

五彩鸡片

原料 鸡脯肉200克，发好的香菇15克，红绿柿椒各15克，胡萝卜10克

调料 蛋清1个，料酒8克，盐3克，味精3克，姜汁6克，豆瓣葱、蒜片、淀粉、汤、色拉油各适量

做法

1. 鸡脯肉切薄片洗净泡白，沥干后加蛋清、盐、淀粉调匀上浆；香菇、红绿柿椒、胡萝卜均切片；将汤中加料酒、盐、味精、姜汁、豆瓣葱、蒜片、淀粉调成芡汁。
2. 炒锅里放油烧热时，把鸡片放入油锅中滑透，再放香菇片、柿椒片、胡萝卜片略滑油后控油，放回炒锅翻炒几下，倒入芡汁轻轻炒匀，最后淋明油出锅即成。

小煎鸡米

原料 鸡脯肉250克，红椒1个

调料 盐、水淀粉、鸡蛋清、豆瓣酱、姜末、葱花、蒜泥、酱油、糖、醋、味精、辣油、油各适量

做法

1. 鸡脯肉切成黄豆大的粒，加盐、水淀粉、鸡蛋清上浆；红椒也切成黄豆大的粒。
2. 锅置火上，放入油烧至四成热，放入鸡粒划开，至鸡粒变乳白色，倒入漏勺沥油。
3. 炒锅留底油，下红椒粒、豆瓣酱、姜末、葱花、蒜泥略煸，加酱油、糖、醋、盐、味精，勾芡，放鸡粒炒匀，淋辣油，装盘即可。

银芽鸡丝

原料 鸡脯肉250克，绿豆芽100克

调料 盐、水淀粉、鸡蛋清、味精、色拉油各适量

做法

1. 鸡脯肉切丝，加盐、水淀粉、鸡蛋清上浆；绿豆芽掐去两头，洗净。
2. 锅置火上，放油烧至四成热后，下鸡丝滑油，鸡丝变乳白色时，倒入漏勺沥去油。
3. 炒锅留底油，投入绿豆芽略煸，加入盐、味精，倒入鸡丝，勾芡翻炒均匀，装入盘中即成。

豆芽下锅后要迅速翻炒，才能保存水分和营养。

原料 腊八豆200克，鸡杂（鸡肫、鸡心、鸡肠、鸡肝）300克，青小米椒、红小米椒各1个

调料 姜片、蒜片、料酒、盐、生抽、醋、香菜、色拉油各适量

做法 1 鸡杂洗净，鸡肫切两半，划交叉刀纹；鸡心、鸡肝切片；鸡肠切段。
2 锅放油烧热，加姜片、蒜片炝锅，下鸡杂翻炒，烹入料酒，加盐、生抽、醋，再加入腊八豆、青小米椒、红小米椒爆炒至鸡杂熟，点缀香菜即可。

Tips
腊八豆是湖南特产，加盐等调味品腌渍而成，传统上每年腊八开始制作，故称腊八豆。

腊八豆炒鸡杂

原料 泡椒50克，鸡肝300克，西芹100克

调料 蒜10克，料酒10克，盐2克，酱油3克，味精3克，红油、色拉油各适量

做法 1 鸡肝切厚片；西芹去皮切块；泡椒切段。
2 锅内加水烧开，入鸡肝焯水。
3 锅加油烧热，下泡椒、蒜爆香，放鸡肝、西芹、泡椒炒匀，烹入料酒，用大火快速翻匀，加盐、酱油调味，最后放味精炒熟，淋红油即可。

Tips
1炒的时候盐不要放多了，因为泡椒是咸的。
2出锅前再放一点青蒜的话，味道更好。

泡椒炒鸡肝

醋焖鸡

原料 鸡翅400克，青椒片、辣椒段各50克

调料 料酒、盐、胡椒粉、白糖、味精、酱油、香醋、水淀粉、色拉油、蒜片、豆瓣酱、葱段、姜片、香油各适量

做法
1 将鸡翅用料酒、盐和胡椒粉腌渍10分钟；料酒、白糖、味精、酱油、香醋和水淀粉对成味汁。
2 炒锅烧热，放油，入鸡翅炸熟，倒入漏勺沥油。
3 炒锅留底油，炒香蒜片后放入豆瓣酱，爆香葱段、姜片，加鸡翅、青椒片、辣椒段，倒入味汁，炒匀后淋少许香油，出锅即可。

Tips 倒入味汁后，最好稍焖一会。

自制大盘鸡

原料 鸡腿肉500克，洋葱1个，番茄3个，土豆1个，芹菜1棵，面粉适量

调料 料酒、盐、郫县豆瓣酱、葱、姜、蒜、酱油、白糖、孜然粒、番茄酱各适量

做法
1 鸡腿肉用料酒、盐腌制10分钟以上；洋葱、番茄、土豆分别切块；芹菜切段。
2 油锅烧四成热，鸡腿肉入锅滑至七成熟。
3 锅留底油，放豆瓣酱、葱、姜、蒜煸炒出香味，将洋葱、番茄、芹菜、土豆、鸡腿肉下入锅中，加盐、酱油、白糖、孜然粒、番茄酱炒熟出锅备用。
4 面粉加少许盐，和得偏软，在表面擦少许油，用保鲜膜盖住饧10分钟；将面擀成片，切条，抻长，入锅煮熟后捞出过凉水，再与炒好的鸡肉拌匀即可。

西班牙红酒鸡

原料 鸡肉500克，番茄2个，洋葱、胡萝卜、芹菜各50克

调料 红酒、白糖、生抽、姜片、番茄酱各适量

做法
1 将焯过水的鸡块趁热加入红酒、白糖、生抽、姜片腌制30分钟。
2 将鸡块入油锅炸至表面成焦黄色捞出。
3 另起锅，将番茄碎煸香，加入白糖、番茄酱、洋葱，炒香后下入胡萝卜丁和芹菜丁，翻炒均匀后下入鸡块，最后倒入腌制鸡块的调料，盖上锅盖小火炖制90分钟即可。

要在鸡块热的时候放入调料腌制。

原料 鸡杂（鸡肫、鸡心、鸡肝、鸡肠）400克

调料 葱段、姜片、料酒、盐、高汤、蒜蓉、泡椒、色拉油各适量

做法 1 鸡肫、鸡心、鸡肝均切片，鸡肠切段，加料酒、盐腌渍15分钟。泡椒剁碎。

2 锅加油烧热，放入葱段、姜片爆香，放入鸡杂爆炒，烹入料酒、盐、少许高汤，小火炖5分钟，加入蒜蓉、泡椒碎翻炒1分钟即可。

泡椒鸡杂

辣炒鸡脆骨

原料 鸡脆骨200克，干辣椒100克

调料 盐、味精、料酒、淀粉、花椒、葱段、姜片、香菜、白芝麻、色拉油各适量

做法 1 鸡脆骨冲净，加盐、味精、料酒、淀粉腌渍20分钟。

2 锅多加一点油烧热，加入干辣椒、花椒爆香，加入盐、葱段、姜片煸炒，放鸡脆骨慢慢煸炒至金黄酥脆，加香菜、白芝麻装饰即可。

Tips 干辣椒和花椒可在水中冲一下，用布搌干再入锅煸，香味十足且不容易焦糊。

原料 鸡心100克，鸡肫100克，青红椒各30克，鲜笋适量

调料 葱段、盐、味精、料酒、酱油、水淀粉、糖、色拉油各适量

做法 1 鸡心、鸡肫治净切片，用盐、味精、料酒腌渍；青红椒洗净切片；鲜笋去壳煮熟，切片。

2 锅加油烧热，将鸡心、鸡肫片滑油，捞出。

3 锅留底油，煸炒青红椒片，加酱油、糖、水淀粉、盐、剩余原料、葱段，炒匀装盘即可。

新淮扬小炒

双脆鸡肫

原料 美人椒100克，杭椒50克，鸡肫300克

调料 葱花5克，姜片5克，蒜片10克，料酒10克，老干妈辣酱5克，盐2克，美极鲜味汁3克，味精2克，色拉油适量

做法

1 鸡肫去皮切丁；美人椒、杭椒分别切丁。

2 锅加油烧热，下葱、姜、蒜炒香，放鸡肫快炒，烹入料酒，放美人椒、杭椒炒香，然后放老干妈辣酱、盐、美极鲜味汁炒匀，加味精炒熟即可。

Tips

1必须将鸡肫的外皮剥除干净，去除异味，也可以用鸡心。

2要旺火热油爆炒，吃起来鲜香脆辣。

酸辣白椒炒鸡肫

原料 白辣椒2个，野山椒2个，青小米椒、红小米椒各1个，鸡肫6只

调料 干辣椒、葱段、姜片、料酒、盐、生抽、胡椒粉、味精、色拉油各适量

做法

1 把4种辣椒均切成小段。

2 鸡肫处理干净切厚片，加料酒、盐、生抽、胡椒粉腌渍20分钟。

3 锅加油烧热，爆香干辣椒、葱段、姜片、白辣椒、青小米椒、红小米椒，放入鸡肫爆炒，加入野山椒和泡野山椒的汁，加盐、味精调味，翻炒2分钟即可。

Tips

罐装野山椒超市酱料货架有售。

原料 丝瓜150克，鸡蛋200克，红椒片30克

调料 色拉油、盐、味精、水淀粉各适量

做法
1 丝瓜去皮洗净，切成滚刀块；鸡蛋加入盐、味精、水淀粉调匀待用。
2 锅置火上烧热，加油，入鸡蛋炒至凝固，倒入漏勺沥去油。
3 锅再置火上烧热，放油，同时放入丝瓜块、红椒片煸炒，加入炒熟的鸡蛋，再加盐、味精炒匀，用水淀粉勾芡，即可起锅装盘。

芙蓉丝瓜

原料 黄瓜150克，鸡蛋3个

调料 盐、味精、色拉油各适量

做法
1 将黄瓜洗净，切成菱形片；鸡蛋磕入碗里，加少许盐、味精搅匀。
2 炒锅置火上，入油，放入鸡蛋液，炒至凝固，出锅装盘待用。
3 将黄瓜片放入油锅内爆炒，加入刚炒好的鸡蛋，放盐、味精调味，一起拌炒均匀出锅装盘。

Tips 黄瓜炒制时间不宜长。

黄瓜炒鸡蛋

丝瓜毛豆炒鸡蛋

原料 丝瓜250克，毛豆50克，鸡蛋2个

调料 蒜末、盐、味精、水淀粉、色拉油各适量

做法

1 丝瓜去皮切丁；毛豆洗净，放入五成热油中滑油。

2 鸡蛋磕入碗中，加盐搅匀。

3 炒锅加油烧热，下蒜末爆香，放丝瓜丁、毛豆、盐、味精炒熟，用水淀粉勾芡即可。

丝瓜过水会发黑，炒丝瓜要稍用油。

番茄炒鸡蛋

原料 鸡蛋4个，番茄150克，小葱段少许

调料 色拉油、盐、味精、白糖、水淀粉各适量

做法

1 番茄洗净后入沸水焯烫一下，去皮，去蒂，切块；将鸡蛋磕入碗中，加盐、味精、水淀粉，搅打均匀待用。

2 炒锅置火上，放油烧热，倒入鸡蛋液，待蛋膨胀后炒散，盛出待用。

3 锅中留底油烧热，下小葱段、番茄块煸炒，再倒入鸡蛋同炒，加适量盐、味精、白糖调味，炒匀后出锅即成。

番茄去皮后口感会好些，不去皮也可以。

菠菜炒鸡蛋

原料 菠菜300克，鸡蛋200克

调料 葱花10克，盐2克，鸡粉4克，胡椒粉3克，色拉油适量

做法

1 菠菜切段，鸡蛋磕入碗中打散。

2 锅内加油烧热，倒入鸡蛋液炒熟盛出。

3 锅留油烧热，放葱炝锅，加菠菜炒六成熟，倒入鸡蛋、盐、鸡粉、胡椒粉快速炒熟即可。

Tips

1菠菜焯水时要先焯菠菜根，这样口感才好。

2鸡蛋炒到八成熟时立即盛出，这样和菠菜再炒时口感才鲜嫩。

原料 青椒3个，鸡蛋3个

调料 盐4克，胡椒粉3克，色拉油适量

做法
1. 青椒去蒂、籽，切碎丁状；鸡蛋磕入碗中，加盐、胡椒粉搅拌均匀。
2. 锅内加油烧热，放青椒加盐炒至断生。
3. 锅刷净，加油烧热，晃动锅，使锅底粘满油。
4. 倒入蛋液，撒上青椒，待蛋液凝固时，快速炒熟即可。

Tips 第二次放油不能太多，否则成品菜太油腻。

原料 柴鸡蛋200克，豇豆200克

调料 盐2克，味精3克，色拉油适量

做法
1. 豇豆切末，放入沸水中焯熟，捞出。
2. 鸡蛋磕入碗中打散，加入豇豆末、盐搅拌均匀。
3. 锅内加油烧至七成热，倒入豇豆末蛋液，炒至出蛋香，加味精炒熟即可。

Tips 豇豆应先煮熟，再放在鸡蛋里拌匀，少加盐，这样炒出来口感滑嫩。

原料 香椿200克，鸡蛋3个

调料 盐、味精、色拉油各适量

做法
1. 香椿洗净切段。
2. 鸡蛋磕入碗中，加盐搅拌均匀。
3. 锅内加油烧热，倒入鸡蛋炒熟，放入香椿、盐、味精炒出香味即可。

Tips 也可以将香椿切末，和鸡蛋打匀后，摊鸡蛋饼，风味亦佳。

原料 西葫芦300克，鸡蛋3个

调料 盐、味精、葱花、色拉油各适量

做法
1. 西葫芦去籽切片；鸡蛋磕入碗中，加盐、味精搅匀。
2. 锅内加油烧热，倒入鸡蛋炒熟盛出。
3. 锅内加油，放入葱花爆香，西葫芦下锅翻炒，加盐炒熟，加入鸡蛋炒匀即可。

Tips 购买西葫芦时，应挑选粗细均匀、颜色偏青的。

熟炒烤鸭片

原料 烤鸭肉200克，洋葱1个，泡椒1个，青椒1个

调料 料酒、甜面酱、盐、味精、酱油、白糖、醋、水淀粉、色拉油各适量

做法
1. 鸭肉批成片；洋葱、青椒切片；泡椒切段。
2. 锅中放油烧至四成热，下烤鸭片滑油，盛出；洋葱片、青椒片用油焐熟，待用。
3. 锅内留底油，投入泡椒略煸，加料酒烧开，加甜面酱、盐、味精、酱油、白糖、醋调好味，勾芡，倒入烤鸭片、洋葱片、青椒片翻炒，装盘即可。

由于烤鸭片是熟食，所以略微翻炒调味即可。

魔芋烧鸭

原料 生鸭块500克，水魔芋200克

调料 花椒、郫县豆瓣酱、肉汤、葱段、姜片、蒜片、料酒、盐、酱油、味精、猪油、色拉油各适量

做法
1. 将生鸭肉入沸水锅中焯水，捞出洗净；水魔芋切块，入沸水汆两次，去掉石灰味，再用温水漂净。
2. 炒锅加猪油烧至七成热，放鸭块煸炒至浅黄色起锅；再将锅洗净置火上，用色拉油爆香花椒和豆瓣酱，下鸭块、魔芋，加肉汤、葱段、姜片、蒜片、料酒、盐、酱油烧至汁浓鸭软、魔芋入味后，用味精调味即可。

水魔芋即魔芋豆腐。

原料 熟熏鸭半只，嫩姜30克，红辣椒20克

调料 酱油、糖、料酒、味精、水淀粉、色拉油各适量

做法
1 熟熏鸭去骨切成粗丝；嫩姜去皮切细丝；红辣椒去籽切粗丝。
2 酱油、糖、料酒、味精、水淀粉放入碗中调匀成味汁。
3 油锅烧热，姜丝、辣椒丝下锅煸香，再放鸭丝，炒出香味后，加味汁翻炒均匀即可。

Tips

生姜不宜在夜间食用，否则会影响睡眠、伤肠道。

原料 鸭脯肉200克，香菇200克，青蒜50克

调料 干辣椒10克，姜片5克，料酒5克，酱油5克，盐2克，味精3克，色拉油适量

做法
1 香菇去蒂切条；鸭脯肉切条；青蒜切斜段。
2 锅内加油烧至五成热，入鸭肉炸至微黄，捞出沥油。
3 锅留油烧热，下干辣椒、姜、鸭肉爆香，加香菇炒匀，烹入料酒、酱油炒至上色，加盐、味精调味，出锅前放入青蒜炒熟即可。

原料 鸭脯肉2块，拉皮150克

调料 干淀粉15克，葱段10克，料酒10克，蚝油4克，盐4克，味精2克，色拉油适量

做法
1 鸭脯肉切片，拍干淀粉；拉皮切宽条，用开水烫洗一下，控干。
2 锅加油烧至五成热，下鸭片炸至金黄色。
3 锅留油烧热，下葱爆香，放鸭片翻炒片刻，烹入料酒，加蚝油炒至上色，加拉皮、盐、味精炒熟即可。

原料 青椒2个，鸭子半只

调料 葱段、姜片、料酒、糖、盐、酱油、高汤、味精、色拉油各适量

做法
1 鸭子切成3厘米见方的块，用沸水焯一下，洗净血沫；青椒洗净，去籽切块。
2 锅内加油烧热，下葱段、姜片爆香，放入鸭块炒到鸭皮紧缩，烹入料酒，加入糖、盐、酱油、高汤用大火煮开后，改小火焖半小时，加青椒焖熟，加味精略烧即可。

炒鸭丝掐菜

原料 烤鸭肉200克，掐菜（掐去头、尾的豆芽菜）250克，青椒丝、红椒丝各少许

调料 葱丝3克，料酒8克，姜汁6克，盐3克，味精1克，醋2克，花椒、香油、色拉油各适量

做法
1. 烤鸭肉切丝；掐菜洗净，控干。
2. 炒锅里放油烧热，下花椒炸香后捞出，加葱丝、掐菜、鸭丝、青椒丝、红椒丝，用旺火急速翻炒，随炒随放料酒、姜汁，快熟时加盐、味精继续翻炒，炒熟后加醋、香油，出锅装盘即可。

野山椒炒鸭丝

原料 熟鸭肉300克，野山椒50克，红椒1个，金针菜少许

调料 姜、蒜、盐、味精、白糖、水淀粉、葱段、色拉油各适量

做法
1. 熟鸭肉切丝；野山椒去蒂；红椒切丝；金针菜泡发，烫熟。
2. 锅放油烧至三成热，将鸭丝、红椒丝过油，捞出控油。
3. 锅留底油，炒香姜、蒜，下所有材料炒匀，加盐、味精、白糖调味，勾芡，撒葱段即成。

酸菜炒鸭血

原料 酸菜200克，鸭血250克

调料 姜3克，蒜5克，肉汤150克，盐2克，胡椒粉3克，色拉油适量

做法
1. 鸭血切条，汆熟；酸菜切成细丝；姜切丝；蒜切蓉。
2. 炒锅加油烧热，放入姜丝、蒜蓉、酸菜煸香，加肉汤少许烧开，放鸭血用中火炒几分钟入味，加入盐、胡椒粉调味即可。

酸菜还可以炒、炖，用来做汤，是一道不错的下饭菜。

原料 鸭腿2只，泡椒3个，腰果50克

调料 料酒、清汤、酱油、盐、味精、水淀粉、葱段、色拉油各适量

做法
1. 鸭腿剁成丁，加盐、水淀粉上浆；泡椒切段。
2. 锅置火上，放入油烧至四成热，下鸭丁滑熟，盛出；腰果焐油，待用。
3. 炒锅留底油，下泡椒，加料酒、清汤，用酱油、盐、味精调味，勾芡，倒入鸭丁、腰果、葱段炒匀装盘即可。

腰果鸭丁

原料 鸭腿2只，核桃仁50克，西芹1棵

调料 料酒、清汤、姜片、酱油、盐、味精、水淀粉、色拉油各适量

做法
1. 鸭腿剁成丁，加盐、水淀粉上浆；西芹切成段。
2. 锅置火上，放入油烧至五成热，下鸭丁滑熟，盛出；西芹段、核桃仁用油焐熟，待用。
3. 炒锅留底油，下姜片，加料酒、清汤，用酱油、盐、味精调味，勾芡，倒入材料，翻锅装盘即可。

桃仁鸭丁

苦瓜炒鸭舌

原料 苦瓜100克，熟鸭舌150克，红椒50克

调料 料酒、盐、味精、水淀粉、色拉油各适量

做法 1 苦瓜去籽，切片，用清水浸泡待用；红椒洗净，切片。

2 油锅烧热，放入苦瓜片、红椒片、熟鸭舌煸炒熟，加料酒、盐、味精调味，用水淀粉勾芡即可。

Tips 若买的生鸭舌，则先放入开水氽烫后捞出洗净，再用清水加葱、姜、料酒，煮约20分钟，待其熟软即可。

酱爆鸭舌

原料 净鸭舌250克

调料 黄酱适量，料酒8克，白糖25克，姜汁5克，芝麻油5克

做法 1 将鸭舌去杂质，洗净。

2 炒锅放油烧至三四成热，放入鸭舌滑透。

3 锅中留底油，放黄酱、料酒、白糖和姜汁炒至发黏时放入鸭舌翻炒几下，见黄酱均匀地裹上鸭舌，淋明油，出锅装盘。

洋葱尖椒炒鸭血

原料 鸭血300克，洋葱1个，红尖椒3个

调料 姜片、蒜末、葱段各5克，料酒10克，盐5克，味精2克，水淀粉15克，香油3克，色拉油适量

做法 1 将洋葱、红椒均切丁；鸭血浸泡，切成条。

2 锅中加水烧开后放入姜片、鸭血稍煮，捞出沥干。

3 锅加油烧热，放入蒜末、葱段、洋葱、红椒爆香，放入鸭血炒匀，烹入料酒，用盐、味精调味，勾芡，淋上香油即成。

Tips 选购鸭血，首先看颜色，真鸭血呈暗红色，没有血腥味；而假鸭血呈咖啡色，掰开以后里面有蜂窝状气孔。

爆肫花

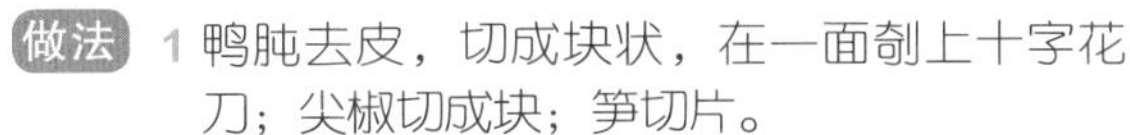

原料 鸭肫5只，尖椒100克，笋1块

调料 蒜、料酒、盐、味精、酱油、沙茶酱、水淀粉、色拉油各适量

做法
1. 鸭肫去皮，切成块状，在一面剞上十字花刀；尖椒切成块；笋切片。
2. 锅置火上，放入油烧至五成热，下鸭肫块炸透盛出；尖椒、笋片用油焐熟，待用。
3. 炒锅留底油，放蒜炸香，加料酒、盐、味精、酱油、沙茶酱调味，勾芡，倒入鸭肫块、尖椒、笋片，翻炒装盘即可。

西芹炒鸭肝

原料 鸭肝200克，西芹片75克，泡椒1个

调料 盐、水淀粉、料酒、味精、酱油、白糖、醋、色拉油各适量

做法
1. 鸭肝切成片，加盐、水淀粉上浆；泡椒切段。
2. 锅置火上，放入油烧至四成热，将鸭肝片滑油，盛出；西芹片用油焐熟，待用。
3. 锅内留底油，放泡椒段略煸，加料酒烧开，用盐、味精、酱油、白糖、醋调味，勾芡，倒入鸭肝片及西芹片，翻炒均匀，装盘即可。

葱爆鸭心

原料 鲜鸭心250克，大葱100克

调料 料酒10克，酱油8克，盐1克，味精2克，醋4克，胡椒粉、香油适量

做法
1. 将鸭心片开去掉血管和积血，再片成大片；大葱洗净，切成长5厘米、厚1.5厘米的菱形块。
2. 炒锅中放底油烧热，把鸭心放入锅里用大火急速烹炒，立刻放入大葱块，随炒随放入料酒、酱油、盐、味精、胡椒粉及醋，见鸭心已熟，淋上香油即成。

小炒鸭肠

原料 鸭肠200克，青蒜段2棵，红尖椒1个

调料 料酒、葱末、姜末、葱段、姜片、蒜片、盐、味精、色拉油各适量

做法
1. 鸭肠洗净，切成段，加料酒、葱末、姜末腌渍10分钟，控去水分。
2. 锅加油烧热，放入葱段、姜片、蒜片、小米辣椒爆香，放入鸭肠、青蒜段炒香，加料酒、盐、味精炒匀即可。

泡椒爆鸭肫

原料 鸭肫300克，泡椒100克

调料 葱段10克，料酒10克，盐3克，酱油2克，味精2克，色拉油适量

做法
1 鸭肫剥除外皮切片；泡椒切斜刀。
2 锅加油烧热，下泡椒、葱段、鸭肫快速翻炒，烹入料酒，加盐、酱油炒匀，加味精炒熟即可。

Tips 鸭肫外皮一定要去净，吃起来才有爽脆的口感。

蚝油鸭掌

原料 去骨鸭掌300克，菜心5棵，红椒少许

调料 葱、姜、料酒、清汤、盐、味精、酱油、水淀粉、色拉油各适量

做法
1 去骨鸭掌焯水；红椒切片；菜心用油焐熟，待用。
2 锅置火上，放入油烧热，下葱、姜略煸，加料酒、清汤、盐、味精、酱油，放入去骨鸭掌、红椒片、菜心，小火收稠汤汁，勾芡，淋明油，出锅装盘即可。

Tips 淋明油，这里指在出锅前往菜上淋熟色拉油，能起到明亮菜色，增加香味的作用。

烧辣椒皮蛋

原料 松花蛋350克，青红椒200克

调料 蒜片10克，盐2克，味精4克，酱油3克，醋5克，红油15克，色拉油适量

做法
1 松花蛋去壳，切条装盘。
2 锅加油烧热，下青红椒、蒜炒香，加盐、味精、酱油、醋、红油炒匀，最后放入松花蛋翻炒均匀即可。

Tips 切松花蛋的时候，准备一碗水，先往刀上抹水再切，边抹水边切，就能切出漂亮的松花蛋块。

咸蛋黄焗玉米粒

原料 玉米粒300克，熟咸蛋黄2个，玉米淀粉适量

调料 盐、色拉油各适量

做法
1 玉米粒洗净，待用。
2 玉米淀粉放入盆中，再放入玉米粒，搅拌和匀待用；熟咸鸭蛋黄用汤勺压碎至碎末状。
3 炒锅加油烧至七成热，玉米粒入油炸2分钟，捞出，控油。
4 炒锅洗净，放入色拉油30克，然后下咸蛋黄、玉米粒炒匀，感觉玉米颗粒逐渐收干时，放适量盐，炒匀即可。

Tips

玉米入锅炒时的油温不要过高。

酱爆鹅丁

原料 鹅脯肉250克，胡萝卜丁10克，莴笋丁10克

调料 盐、水淀粉、姜片、甜面酱、料酒、味精、色拉油各适量

做法
1. 鹅脯肉切丁，加盐、水淀粉上浆，滑油，盛出；胡萝卜丁、莴笋丁用油焐熟，待用。
2. 锅内留底油，下姜片，加甜面酱、料酒烧开，加盐、味精调味，用水淀粉勾芡，倒入所有原料，炒匀装盘即可。

葱爆鹅颈

原料 熟鹅颈片150克，洋葱片50克，红椒、青椒各20克

调料 葱段、姜块、料酒、酱油、糖、味精、淀粉、色拉油各适量

做法
1. 青椒、红椒分别洗净，切片。
2. 油锅烧热， 放入葱段、姜块、洋葱片、红椒片、青椒片炸香后，再加入熟鹅颈片煸炒，然后加入料酒、酱油、糖、味精，用淀粉勾芡，炒匀即可。

胡萝卜烧鹅方

原料 胡萝卜200克，鹅肉250克

调料 大葱、姜、蒜、八角、甜面酱、料酒、高汤、酱油、糖、盐、味精、色拉油各适量

做法
1. 鹅肉洗净，剁块，放沸水中煮熟；胡萝卜洗净，切块；大葱、姜、蒜、八角洗净，分别切段或切片。
2. 炒锅加油烧热，放入葱段、姜片、蒜片、八角、甜面酱，烹入料酒，加高汤、酱油、糖、鹅块、胡萝卜块炒匀，用微火煨熟，大火收汁，加盐、味精炒匀即可。

滑炒鹅片

原料 鹅脯肉300克，青椒1个，红椒1个

调料 盐、蛋清、水淀粉、姜片、料酒、味精、色拉油各适量

做法
1. 鹅脯肉切成片，加盐、蛋清、水淀粉上浆；青椒、红椒分别洗净，切成片。
2. 锅置火上，放入油烧至四成热，下鹅肉片滑油，盛出；青红椒片用油焐熟，待用。
3. 锅内留底油，放姜片、料酒，加盐、味精调味，勾芡，倒入鹅片、青椒片、红椒片，炒匀装盘即可。

乡村笨鹅蘑菇

原料 鹅肉500克，花菇200克，青蒜50克，小红椒5个

调料 姜片5克，料酒10克，酱油10克，盐4克，味精3克，色拉油、高汤各适量

做法 1 鹅肉洗净切块，入沸水中焯水；花菇洗净切块；青蒜切段；小红椒切段。

2 锅内加油，放姜片、小红椒段爆香，放鹅块、料酒翻炒均匀，加入高汤、酱油、盐、花菇块用大火烧开，改用小火炖至熟烂，加味精调味，撒青蒜段炒匀即可。

青蒜炒鹅肠

原料 熟鹅肠200克，青蒜50克

调料 盐、味精、料酒、胡椒粉、水淀粉、色拉油各适量

做法 1 熟鹅肠切成段；青蒜洗净，切成段。

2 锅中加油烧热，煸炒青蒜段和鹅肠段，加盐、味精、料酒、胡椒粉调味，用水淀粉勾芡，炒匀即可出锅装盘。

Tips 若没有料酒，可用白酒代替。

韭黄炒鹅丝

原料 鹅脯肉200克，韭黄、泡椒各适量

调料 盐、蛋清、水淀粉、料酒、味精、色拉油各适量

做法 1 鹅脯肉切成丝，加盐、蛋清、水淀粉上浆；韭黄切成段；泡椒切成丝。

2 锅置火上，放入油烧至四成热，下鹅丝滑油，盛出；韭黄用油焐熟，待用。

3 锅内留底油，加泡椒丝、料酒，用盐、味精调味，勾芡，倒入鹅丝、韭黄段，炒匀装盘。

原料 猪肉、豆干各250克

调料 生抽、料酒、盐、八角、花椒、五香粉、老抽、味精、葱、姜、蒜、青红椒、色拉油各适量

做法
1 猪肉洗净切片装入碗中，倒入生抽、料酒、盐腌制15分钟。
2 在干净锅中放八角、花椒、五香粉、老抽、味精、盐，倒入清水，放入豆干煮入味后捞出来，晾凉后切条备用。
3 锅中倒入少许油，煸香葱、姜、蒜，放入肉片、老抽、料酒、盐，加温水，再把豆干条铺在上面，盖盖焖5分钟。待汤汁收干后放青红椒，开锅后装盘即可。

原料 咸五花肉250克，莴笋200克

调料 盐、葱姜酒汁（葱、姜加料酒浸泡而成）、色拉油各适量

做法
1 咸五花肉切片，泡水；莴笋洗净，切片。
2 锅中倒入油少许，放入咸肉片煸炒至出油，加入莴笋片、盐、葱姜酒汁炒匀，出锅装盘即可。

原料 奶白菜200克，猪肉200克，红辣椒1个

调料 鸡蛋1个，淀粉10克，葱10克，豆瓣酱10克，盐2克，味精4克，酱油5克，色拉油适量

做法
1 奶白菜切块；猪肉切片，用鸡蛋、淀粉上浆后稍腌片刻；红椒去籽切片。
2 肉片下入六成热的油锅滑熟，捞出沥油。
3 锅留油烧热，下葱、豆瓣酱炒香，放奶白菜、肉片、红椒翻炒均匀，加盐、味精、酱油调味后炒熟即可。

鱼香肉丝

原料 瘦肉150克，水发木耳丝、熟笋丝各50克

调料 盐、料酒、水淀粉、酱油、醋、糖、葱花、姜末、蒜泥、味精、泡红辣椒末、色拉油各适量

做法

1. 瘦肉切丝，用盐、料酒、水淀粉拌匀上浆。
2. 将酱油、醋、糖、料酒、葱花、姜末、蒜泥、味精、水淀粉调成味汁。
3. 油锅烧热，倒入肉丝滑油至变色，沥去油；炒锅再置火上，爆香泡红椒末，投入木耳丝、笋丝稍炒，将肉丝倒入翻炒，再倒入味汁，翻炒几下即可。

一定要有泡椒才能调出鱼香味。

青椒肉丝

原料 猪肉200克，青椒丝70克

调料 料酒、盐、水淀粉、味精、葱花、姜末、色拉油各适量

做法

1. 猪肉切丝，用少许料酒、盐、水淀粉拌匀上浆，再加些色拉油拌匀。
2. 用盐、料酒、味精、葱花、姜末、水淀粉对成味汁。
3. 油锅烧热，下肉丝，边下边用锅铲推动，待肉丝散开变色时倒入漏勺沥油。
4. 锅留底油，投入青椒丝煸炒，再加入肉丝，倒入味汁，炒匀即可。

切肉丝时要粗细均匀，煸肉丝时间不宜长，肉丝刚变色就要起锅沥油了。

韭黄肉丝

原料 韭黄100克，瘦肉150克

调料 盐、淀粉、胡椒粉、味精、酱油、白糖、味精、料酒、色拉油各适量

做法
1 瘦肉切丝加盐、淀粉、胡椒粉、味精和少量水拌匀上浆；韭黄洗净，切成3厘米长的段。
2 将酱油、白糖、淀粉、味精加少量水调成味汁。
3 将锅烧热入油，投入猪肉丝滑油至变色，倒入漏勺沥油；炒锅复置火上，下韭黄段煸炒，入猪肉丝炒散，烹入料酒，倒入味汁，翻炒几下出锅即可。

Tips
韭黄俗称“韭菜白”，因不见阳光而呈黄白色。

肉丝炒如意菜

原料 里脊肉200克，蕨菜250克

调料 盐3克，蛋清1个，葱10克，姜汁8克，料酒12克，白糖1克，醋、淀粉、色拉油各适量

做法
1 蕨菜去老根，洗净，切段；里脊肉切丝，加盐、蛋清、淀粉调匀上浆。
2 锅里放油，烧至二三成热，放入浆好的肉丝滑透捞出，控净油。
3 锅里留底油烧热，放葱、姜汁煸香，加蕨菜煸炒，再加滑好的肉丝，放盐、料酒、白糖、醋再炒几下，淋明油出锅装盘。

肉丝上浆要均匀；炒制时火要旺一些。

银芽里脊丝

原料 里脊肉150克，大红椒半个，绿豆芽250克

调料 鸡蛋1个，淀粉10克，香葱2根，盐5克，味精2克，水淀粉15克，色拉油适量

做法
1 绿豆芽去头、尾；大红椒去籽、蒂，切丝；香葱切段。
2 里脊肉切成细丝，加蛋清、淀粉上浆。
3 锅加油烧至五成热，下入肉丝滑油，倒出沥油。
4 锅内留底油，放红椒丝、绿豆芽、葱段大火急炒，加肉丝炒匀，加盐、味精调味，用水淀粉勾芡，淋明油即可。

Tips

此菜需急火快炒，才能保持辣椒和豆芽的清脆。

茶树菇炒肉丝

原料 里脊肉100克，鲜茶树菇30克，青红椒各半个

调料 淀粉、姜、葱、高汤、生抽、盐、味精、色拉油各适量

做法
1 茶树菇用温水泡好，切段，挤干水分；青红椒洗净，切丝。
2 里脊肉切丝，加淀粉拌匀上浆，下油锅滑散，捞出沥油。
3 炒锅加油烧热，下姜、葱炒香，加入茶树菇、高汤、生抽、盐、味精烧至入味，加肉丝炒匀即可。

毛豆红椒炒肉丝

原料 毛豆50克，红椒1个，里脊肉100克

调料 蛋清、盐、姜末、生抽、味精、色拉油各适量

做法
1. 里脊肉切丝，加蛋清、盐腌制5分钟，放入五成热油中过油捞出。
2. 毛豆入沸水中焯水；红椒去籽，切丝。
3. 炒锅加油烧热，下姜末炝锅，加入肉丝、生抽略炒，倒入毛豆、红椒丝炒匀，加盐、味精调味炒熟即可。

Tips 毛豆不太容易熟，也可以先煮熟再炒。

香辣肉丝

原料 里脊肉400克，香菜50克

调料 盐3克，蛋清1个，姜丝5克，味精2克，干辣椒丝、色拉油各适量

做法
1. 里脊肉洗净切丝，加盐、蛋清调味，放入四成热油中滑油，捞出沥油；香菜洗净切段。
2. 炒锅内放姜丝、干辣椒丝爆香，加肉丝、香菜段、盐、味精炒匀即可。

此菜炒出香味即可，不宜长时间炒。

京酱肉丝

原料 里脊肉250克，大葱适量

调料 甜面酱、料酒、酱油、盐、味精、水淀粉、色拉油各适量

做法
1. 里脊肉切丝，加盐、水淀粉上浆；大葱切成丝。
2. 锅置火上，放油烧至四成热，下肉丝滑油，盛出待用。
3. 锅内留底油，下甜面酱煸香，加料酒，用酱油、盐、味精调味，勾芡，倒入肉丝翻炒；盘底放大葱丝，浇盖上肉丝即可。

韭黄红椒肉丝

原料 韭黄300克，里脊肉150克，红椒20克

调料 葱、姜、盐、味精、胡椒粉、色拉油各适量

做法
1. 里脊肉切丝；韭黄切成3厘米长的段，红椒切丝，二者均入沸水略烫，捞出控干。
2. 锅放油烧至三成热，下肉丝炒散，盛出待用。
3. 锅留底油，放入葱、姜炒香，下韭黄、肉丝、红椒丝，加盐、味精、胡椒粉调味，炒匀即成。

海菜炒肉丝

原料 海菜200克，猪肉150克，彩椒50克

调料 蛋清1克，葱10克，蒜8克，盐2克，胡椒粉2克，味精4克，淀粉、色拉油各适量

做法
1. 海菜切丝；猪肉切丝，用蛋清、淀粉上浆稍腌；彩椒切丝。
2. 锅内加油烧至五成热，下肉丝滑熟。
3. 锅留油烧热，下葱、蒜炒香，入海菜、猪肉、彩椒、盐、胡椒粉炒熟，加味精炒匀即可。

冬笋炒肉丝

原料 冬笋200克，猪肉100克，木耳50克，青红椒丝30克

调料 淀粉5克，胡椒粉2克，生抽5克，料酒8克，姜丝5克，盐3克，味精1克，色拉油适量

做法
1. 冬笋洗净切丝；木耳洗净切丝；猪肉洗净切丝，加淀粉、胡椒粉、生抽、料酒上浆码味。
2. 炒锅加油烧热，放入肉丝炒至变色，盛出。
3. 锅留底油，下姜丝、青红椒丝炒香，放木耳、冬笋丝、肉丝翻炒，再加盐、味精调味，炒匀即可。

芫爆肉丝

原料 通脊肉500克，香菜50克

调料 盐3克，鸡蛋清1个，料酒10克，姜汁5克，葱15克，蒜10克，味精4克，香油5克，淀粉、醋、胡椒粉各适量

做法
1 猪肉切丝，加盐、蛋清、淀粉上浆；葱切丝，蒜切片；香菜去叶切小段。
2 炒锅烧热，放油烧热后，放入肉丝滑透控油，再入锅边炒边加料酒、盐、姜汁、葱丝、蒜片、味精、醋，最后放胡椒粉、香菜段、香油拌匀即可。

土豆炒肉丝

原料 里脊肉250克，土豆250克，红椒适量

调料 盐、水淀粉、蛋清、料酒、味精、葱丝、色拉油各适量

做法
1 里脊肉切丝，加盐、水淀粉、蛋清上浆；土豆切丝；红椒切丝。
2 锅置火上，放油烧至四成热，将肉丝滑熟；土豆丝用油焐熟，待用。
3 锅内留底油，加料酒，用盐、味精调味，倒入肉丝、红椒丝及土豆丝，翻炒装盘，撒上葱丝即可。

三色肉丝

原料 猪肉250克，红椒1个，水发木耳10克，熟笋50克

调料 盐、水淀粉、鸡蛋清、豆瓣酱、姜末、葱花、蒜泥、酱油、白糖、醋、味精、辣油、色拉油各适量

做法
1 猪肉切丝加盐、水淀粉、鸡蛋清上浆；红椒、熟笋、水发木耳均切丝。
2 锅置火上，放油烧热，放入肉丝，滑至乳白色时，沥油；炒锅留底油，放豆瓣酱、红椒、木耳、笋、姜、葱、蒜略煸，加除辣油外的余下调料后，勾芡，放肉丝翻炒，淋辣油即可。

醋熘木须

原料 里脊肉250克，鸡蛋3个

调料 料酒15克，酱油8克，味精2克，葱姜蒜末5克，盐、蛋清、高汤、醋、淀粉、色拉油、水淀粉、香油各适量

做法
1. 鲜里脊肉洗净，去净筋膜，切片，加盐、蛋清、淀粉调匀浆好；鸡蛋打散。
2. 炒锅放油，烧热，放入肉片滑透捞出，控净油；锅留底油，放鸡蛋炒熟。
3. 炒锅再放油，加葱姜蒜末煸香，下肉片翻炒后，加高汤、料酒、酱油、味、醋和鸡蛋烧开，勾芡，拌匀，淋香油，出锅装盘。

肉丝千张

原料 千张100克，里脊肉150克，青红椒丝各10克

调料 酱油、料酒、水淀粉、姜末、蒜泥、盐、糖、味精、色拉油各适量

做法
1. 里脊肉切丝，用酱油、料酒、水淀粉拌匀入味；千张洗净，切丝。
2. 油锅烧热，下姜末、蒜泥炒香，下肉丝炒散，再放千张丝、青红椒丝翻炒片刻，加盐、糖、味精，最后用水淀粉勾芡，淋明油起锅装盘。

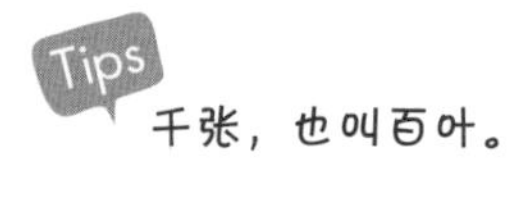

Tips 千张，也叫百叶。

木耳炒肉片

原料 木耳150克，瘦肉200克，青椒50克

调料 玉米淀粉10克，酱油15克，盐3克，味精2克，姜片、色拉油适量

做法
1. 猪瘦肉洗净切片，加水和玉米淀粉上浆，放入六成热油中滑油捞出；木耳泡发，择去根；青椒洗净切片。
2. 炒锅加油烧热，下姜片、青椒片稍炒，加肉片、木耳、酱油、盐、味精炒匀装盘。

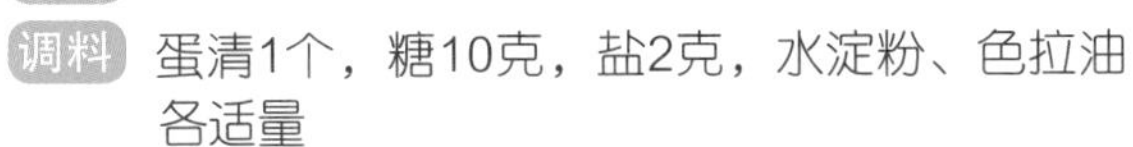

原料 菠萝100克，里脊肉300克，青红椒 50克

调料 蛋清1个，糖10克，盐2克，水淀粉、色拉油各适量

做法 1 里脊肉切块，加蛋清、水淀粉上浆；菠萝去皮切块；青红椒去蒂、籽，切块。

2 锅加油烧热，下肉块滑熟，捞出沥油。

3 锅留底油烧热，加青红椒块、肉块炒匀，用糖、盐调味，最后放菠萝炒熟即可。

菠萝炒肉

榨菜炒肉丝

原料 榨菜70克，猪肉150克，红椒丝少许

调料 盐、淀粉、胡椒粉、鸡粉、鸡精、姜末、色拉油各适量

做法 1 猪肉切丝，加盐、淀粉、胡椒粉、鸡粉和少量水拌匀上浆；榨菜切丝后泡入清水，去咸味。

2 将盐、淀粉、鸡精加少量水调成味汁。

3 将锅烧热入油，放猪肉丝滑油至变色，倒入漏勺沥油；炒锅复置火上，下香葱段、姜末爆香，下榨菜丝煸炒，入猪肉丝、红椒丝炒散，快熟时加入味汁，炒匀出锅装盘。

原料 彩椒150克，里脊肉250克

调料 蛋清10克，淀粉15克，葱花5克，姜片3克，盐2克，老抽4克，味精3克，香油2克，色拉油适量

做法 1 里脊肉切片，用蛋清、淀粉上浆；彩椒切菱形块。

2 锅加油烧至五成热，下里脊肉滑熟，捞出沥油。

3 锅留油烧热，下葱、姜炒香，放里脊肉片、彩椒炒匀，加盐、老抽炒熟，加味精调味，淋香油即可。

Tips 肉片滑油后再炒，不容易粘锅。

彩椒肉片

麻花炒肉片

原料 里脊肉200克，麻花50克，青椒少许

调料 盐、水淀粉、料酒、葱段、味精、色拉油各适量

做法
1. 里脊肉洗净，切片，加盐、水淀粉、料酒拌匀上浆；青椒洗净，切片；麻花一分为二。
2. 锅放油，烧至110℃时将肉片滑油至熟，捞出沥油。
3. 锅留底油，煸香葱段和青椒片，加水、盐、味精，用水淀粉勾芡，倒入肉片和麻花翻炒均匀，出锅装盘即可。

Tips
为了保持麻花的酥脆爽口，要控制好麻花入锅翻炒的时间，将肉片、麻花与其他配料、调料炒匀即可。

肉片炒西葫芦

原料 里脊肉50克，西葫芦300克

调料 盐、淀粉、大葱、酱油、味精、色拉油各适量

做法
1. 里脊肉切片，加盐、淀粉上浆；西葫芦去籽切片；大葱洗净切末。
2. 炒锅加油烧至五成热，放入肉片滑至变色，捞出沥油。
3. 锅内加油烧热，用葱末炝锅，放入西葫芦片、盐炒至半熟，放肉片、酱油、味精翻炒均匀至熟，淋明油出锅即可。

荷兰豆炒肉片

原料 里脊肉200克，荷兰豆50克

调料 料酒、盐、味精、水淀粉、色拉油各适量

做法
1. 里脊肉洗净，切成片，用料酒、盐、味精、水淀粉上浆；荷兰豆洗净，切成片。
2. 锅中放油加热至油温110℃，将肉片入锅滑油，待熟时捞出沥油。
3. 锅中留底油煸荷兰豆片，略炒后加盐调味，勾芡，倒入肉片，拌匀盛出装盘即可。

Tips
荷兰豆是食用豆荚的一种豌豆，含有较丰富的纤维素。

菜花肉片

原料 菜花250克，瘦肉250克，红椒片50克

调料 葱段50克，盐、味精、料酒、水淀粉、色拉油各适量

做法 1 菜花洗净切块焯水、沥干；瘦肉切片，用盐、水淀粉拌匀。

2 将锅中倒入油少许，放入葱段、肉片、红椒片炒至肉片变色，加入菜花块、盐、味精、料酒，用水淀粉勾芡，淋明油即可。

Tips 处理菜花时，最好用清水泡半小时左右，然后切块冲洗干净。

老北京滑熘肉片

原料 猪肉200克，小油菜100克，胡萝卜100克

调料 花椒水、味精、盐、料酒、淀粉、色拉油各适量

做法 1 花椒水、味精、盐、料酒、淀粉调成料汁。

2 猪肉切片，加盐、料酒、淀粉上浆调味腌制5～10分钟；胡萝卜切片。

3 油五成热时下入猪肉滑至八成熟。

4 锅中留底油，先下入油菜、胡萝卜片，再放入猪肉，加入料汁炒熟即可。

Tips 猪肉切片时，最好斜纹切。

山药炒肉片

原料 山药300克，里脊肉50克，胡萝卜50克

调料 蛋清、盐、水淀粉、葱段、味精、色拉油各适量

做法 1 山药洗净，刮去皮，竖切两半再切薄片，放沸水中焯一下；胡萝卜洗净切片。

2 里脊肉切片，放入碗中加蛋清、盐、水淀粉上浆，放四成热油中滑油。

3 炒锅加油烧热，放葱段煸出香味，加山药片、胡萝卜片煸炒，最后加肉片、盐、味精翻炒几下即成。

茭白炒肉丝

原料 茭白200克，青红椒50克，里脊肉150克

调料 蛋清10克，淀粉20克，葱10克，姜4克，蚝油10克，盐2克，胡椒粉2克，色拉油适量

做法
1. 茭白去皮切丝；里脊肉切丝，用蛋清、淀粉上浆；青红椒切丝。
2. 锅内加油烧六成热，下里脊丝滑熟。
3. 锅留油烧热，下葱、姜炒香，放茭白、青红椒炒至变色，下肉丝炒匀。
4. 加蚝油、盐、胡椒粉炒匀即可。

Tips 用五花肉也可以，可按自己的口味来做。

滑炒肉片

原料 里脊肉250克，韭黄段、红椒片各适量

调料 盐、蛋清、水淀粉、料酒、酱油、味精、色拉油各适量

做法
1. 里脊肉切片，加盐、蛋清、水淀粉上浆。
2. 锅置火上，放入油烧至四成热，下肉片滑熟，盛出；红椒片用油焐熟，待用。
3. 锅内留底油，下韭黄段爆炒，加料酒，用酱油、盐、味精调味，勾芡，倒入肉片、红椒片，炒匀装盘即可。

Tips 韭黄虽然营养稍逊于韭菜，但口感较韭菜清爽，更易入口。

锅巴肉片

原料 里脊肉150克，锅巴100克，黄瓜片、红椒片、玉兰片各50克

调料 盐3克，胡椒粉、料酒、味精、蛋清、淀粉、酱油、糖、醋、高汤、泡椒、葱、姜、蒜、花生油、熟猪油各适量

做法
1. 猪肉切片，用盐、胡椒粉、料酒、味精、蛋清和淀粉上浆；泡椒去籽切片；锅巴掰成块；酱油、胡椒粉、料酒、味精、糖、醋、盐、淀粉、高汤对成芡汁。
2. 炒锅加熟猪油烧热，将肉片炒散滑熟，沥油。
3. 锅巴炸至金黄，捞出，淋明油；锅留底油，下三种蔬菜片、泡椒、葱、姜、蒜稍炒，加肉片炒匀，烹芡汁，起锅淋于锅巴上。

土豆炒肉片

原料 土豆200克，瘦肉50克，青红椒各1个

调料 淀粉、盐、姜末、酱油、料酒、味精、色拉油各适量

做法
1. 土豆去皮切菱形片，焯烫后捞出；青红椒去籽，洗净切片；瘦肉切片加淀粉、盐码味。
2. 炒锅下姜末，放肉片、酱油略炒，烹入料酒，加土豆片、青红椒片炒匀，调入盐、味精炒匀即可。

豆干青蒜炒肉片

原料 豆干300克，青蒜50克，瘦肉150克

调料 蛋清1个，姜片6克，盐3克，酱油5克，味精1克，胡椒粉、色拉油各适量

做法
1. 豆干用开水泡一下，捞出切成片；青蒜洗净切段；猪瘦肉切片，放入碗内加蛋清上浆，入七成热油中滑油，捞出沥油。
2. 锅内加油烧热，放姜片、青蒜爆香，加豆干、肉片炒匀，加盐、酱油烧至入味，放味精、胡椒粉炒匀即可。

黄瓜熘肉片

原料 黄瓜200克，瘦肉50克，玉兰片50克

调料 蛋清、水淀粉、高汤、姜末、盐、味精、料酒、葱段、色拉油各适量

做法
1. 黄瓜洗净切片；玉兰片用开水烫一下；猪瘦肉切片，用蛋清、水淀粉浆好；高汤、姜末、盐、味精、料酒和剩余水淀粉对成芡汁。
2. 锅内加油烧五成热，把肉片滑熟，捞出沥油。锅留底油，放葱段煸香，下肉片、玉兰片、黄瓜片翻炒几下，倒入芡汁炒匀即可。

木耳炒肉丝

原料 木耳200克，里脊肉200克，红椒50克

调料 鸡蛋清1个，葱花5克，姜片5克，盐2克，味精3克，胡椒粉2克，淀粉、香油、色拉油各适量

做法

1 木耳用水泡好，切丝；里脊肉切丝，用蛋清、淀粉上浆；红椒切丝。

2 锅内加油烧热，入肉丝滑熟。

3 锅中留油烧热，下葱花、姜片炝锅，放木耳、肉丝、红椒翻炒片刻，加盐、味精、胡椒粉炒熟，淋香油即可。

红酒里脊

原料 猪里脊肉150克

调料 面粉、番茄酱、白糖、红葡萄酒、色拉油各适量

做法

1 猪里脊肉切丝，均匀拍上面粉。

2 锅中入油烧热，撒入肉丝，将肉丝炸定型后转小火炸到酥脆时捞出，沥油。

3 锅中留底油烧热，入番茄酱炒匀，加白糖和少许水炒至浓稠后加入红葡萄酒，下肉丝翻炒，淋明油，出锅装盘。

里脊丝炒芦蒿

原料 嫩芦蒿段250克，里脊肉150克，胡萝卜丝100克

调料 盐、水淀粉、味精、料酒、色拉油各适量

做法

1 里脊肉切丝，用盐、水淀粉抓匀上浆。

2 炒锅中倒入少许油，放入里脊丝炒至变色，再放入芦蒿段、胡萝卜丝、盐、味精、料酒炒匀，用水淀粉勾芡，淋少许油即可。

Tips

里脊丝煸炒的时间不宜过长，应尽量保持其鲜嫩。

虎头肉丁

原料 猪通脊肉200克，桃仁100克

调料 盐3克，蛋清1个，酱油4克，料酒8克，姜汁6克，味精2克，白糖1克，高汤、豆瓣、葱、淀粉各适量

做法
1. 猪通脊肉片成厚片，两面剞花刀，切丁，加盐、蛋清、淀粉调匀上浆；桃仁洗净，入油炸透。
2. 将高汤、酱油、料酒、姜汁、味精、盐、白糖、豆瓣、葱、淀粉调匀成芡汁。
3. 炒锅里放油烧至二三热，肉丁过油滑透，控油，连同桃仁放回炒锅里翻炒，再倒入芡汁急速翻炒，淋明油即成。

干煸五花肉

原料 熟五花肉200克，蒜薹段50克

调料 葱花、姜末、辣豆瓣酱、料酒、酱油、糖、味精、水淀粉、色拉油各适量

做法
1. 五花肉切片。
2. 油锅烧热，放入葱花、姜末、辣豆瓣酱略炸，加入蒜薹段、熟五花肉片煸香，放料酒、酱油、糖、味精炒匀，用水淀粉勾芡即可。

Tips 食用时用馒头佐食，馒头掰开，夹入干煸五花肉即可。熟猪肉在干煸的过程中，煸出油脂，同时又吸收调味品的香味，用小火慢煸，味道出奇的香。

黄花菜炒肉丝

原料 瘦肉150克，黄花菜350克

调料 蛋清10克，淀粉20克，大葱5克，盐3克，味精2克，色拉油适量

做法
1. 猪肉切丝，用蛋清、淀粉上浆，稍腌5分钟；黄花菜入沸水锅中烫透，捞出过凉；大葱切丝。
2. 锅内加油烧热，下肉丝滑油。
3. 锅中留油烧热，下葱、黄花菜炒香，放肉丝炒匀，加盐、味精炒熟即可。

Tips 黄花菜要用温水泡30分钟，可烧汤或炒菜。

香辣回锅肉

原料 带皮五花肉400克，青红椒片、洋葱片各适量

调料 郫县豆瓣酱15克，豆豉10克，甜面酱5克，料酒10克，盐1克，白糖2克，老抽5克，味精3克，色拉油适量

做法

1. 将五花肉入沸水锅煮至断生捞出，晾凉后切片；郫县豆瓣酱剁细待用。
2. 油锅烧热，下五花肉片爆香，再下郫县豆瓣酱、豆豉、甜面酱炒香，烹入料酒，加盐、白糖、老抽，下入青红椒片、洋葱片，略炒后调入味精，起锅装盘即可。

葱香回锅肉

原料 五花肉250克，大葱50克，青柿椒50克

调料 酱油4克，盐1克，料酒8克，姜汁6克，豆瓣酱4克，白糖5克，味精3克，清汤、红辣椒油各适量

做法

1. 五花肉洗净，煮透捞出晾凉，切片；大葱切成菱形；柿椒切片。
2. 炒锅放油烧热，肉片入油炸一下，控净油，同大葱、柿椒一起放入炒锅翻炒，边炒边放酱油、盐、料酒、姜汁、豆瓣酱、白糖、味精和清汤，急速翻炒一会儿，淋红辣椒油出锅装盘。

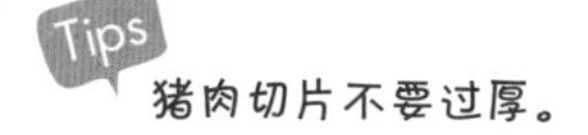

猪肉切片不要过厚。

回锅肉

原料 带皮猪后腿肉400克，青红椒片适量

调料 葱段、姜片、料酒、郫县豆瓣酱、酱油、糖、色拉油各适量

做法

1. 猪肉切宽条，入沸水锅中加葱段、姜片、料酒煮熟捞出，晾凉后切片。
2. 将肉片入热锅中煸炒至肉出油卷起，加入郫县豆瓣酱、青红椒片炒出香味，下料酒、酱油、糖，翻炒均匀即可。

原料 瘦肉150克，鸡蛋3个，水发金针菜50克，水发木耳50克，黄瓜片50克

调料 色拉油、葱丝、姜丝、料酒、酱油、白糖、盐、香油各适量

做法 1 将猪瘦肉切成片；鸡蛋打匀。

2 炒锅加油烧热，加入鸡蛋液，炒散成小鸡蛋块，盛盘。

3 炒锅上火，加油烧热，放入猪肉片煸炒，待肉色变白后，加葱丝、姜丝同炒，入料酒、酱油、白糖、盐调味，炒匀后加金针菜、木耳、黄瓜片和鸡蛋块同炒，炒熟后淋香油。

木樨肉

苦瓜香干回锅肉

原料 五花肉300克，苦瓜1根，香干2块，红椒1个

调料 姜片、料酒、干辣椒、豆豉、盐、味精、色拉油各适量

做法 1 五花肉洗净，入加了姜片、料酒的冷水中，煮沸后撇去浮沫，小火煮至九成熟，捞出冲净，切成小块；香干切丝；红椒切丁。苦瓜剖开去瓤，切斜片。

2 锅加油烧热，放入肉块煸炒至肥肉出油，加入干辣椒、豆豉、香干、苦瓜翻炒，加少许煮肉的汤烧3分钟，加红椒丁、盐、味精炒匀即可。

原料 五花肉200克，西蓝花100克

调料 葱、姜片、料酒、蒜、豆瓣酱、盐、味精、色拉油各适量

做法 1 五花肉洗净，放入沸水锅中，加葱、姜片、料酒煮至七成熟，捞出切片。

2 西蓝花洗净，切小块，焯熟。

3 锅放油烧热，将肉炒出香味、出油后，加入余下调料炒香，最后加西蓝花块炒匀，出锅装盘即可。

西蓝花回锅肉

农家小炒肉

原料 五花肉250克，青红椒各150克

调料 豆豉、鲜朝天椒、蒜片、盐、味精、香醋、姜、胡椒粉、白糖、酱油、老干妈辣酱、色拉油各适量

做法
1 五花肉烫去毛，洗净，切薄片；青红椒切圆片，煸香待用。
2 锅中放油烧热，煸香五花肉，捞出控油。
3 锅中留底油，放入豆豉、蒜片、老干妈辣酱、五花肉、鲜朝天椒煸香，倒入青红椒片，再加入盐、味精、香醋、姜、胡椒粉、白糖、酱油调味，翻炒即成。

农家小炒肉成菜快，香味浓郁，若家中没有如此多调料，可以酌情减去豆豉、朝天椒等。

干煸四季豆

原料 四季豆500克，猪肉100克，榨菜粒30克，虾米10克，辣椒段30克

调料 色拉油、姜末、料酒、酱油、白糖各适量

做法
1 猪肉洗净，剁碎；虾米用开水泡软，切碎；四季豆去筋，洗净，控干，入油炸片刻，沥油。
2 油锅烧热，爆香姜末，放入猪肉末、虾米及榨菜炒片刻，加四季豆和料酒，再加入酱油、白糖，改中火收汁，撒上辣椒段炒匀即可。

半生的四季豆微毒，所以在炸四季豆的时候一定要炸熟。

肉炒滑子菇

原料 滑子菇250克，五花肉200克

调料 葱、姜、盐、味精、酱油、糖、水淀粉、香油各适量

做法
1 五花肉切片；滑子菇洗净，焯水捞出。
2 锅内加油烧热，放入五花肉片煸炒出油，放葱、姜、滑子菇翻炒片刻，加盐、味精、酱油、糖调味，用水淀粉勾芡，淋明油即可。

Tips
滑子菇也叫珍珠菇，味道鲜美，营养丰富，附着在滑菇菌伞表面的黏性物质是一种核酸，对保持人体的精力和脑力大有益处。

菠萝咕咾肉

原料 瘦肉300克，菠萝200克，青红椒片各适量

调料 白醋5克，盐1克，番茄酱50克，水淀粉、色拉油各适量

做法
1 瘦肉洗净，切片，用刀背两面捶松，切1.5厘米见方的块，加水淀粉拌匀；菠萝切块。
2 锅内油烧至八成热，肉块入油炸熟，捞起沥油，复炸至皮脆，捞出控油。
3 锅内留底油，放清水、番茄酱、盐、白醋搅匀，下肉块、菠萝块、青红椒片翻炒，勾芡炒匀，出锅即可。

青椒和红椒都可以生吃，不必提前过油，也不必炒得软烂，脆脆的更好吃。

生爆盐煎肉

原料 猪后腿肉、青椒片、红椒片各50克

调料 料酒、郫县豆瓣酱、酱油、甜面酱、猪油各适量

做法

1 猪后腿肉切成薄片。

2 炒锅内放猪油烧至五成热，放入肉片，煸炒至刚熟，烹入料酒，下郫县豆瓣酱炒至肉片呈红色，再加酱油、甜面酱、青椒片、红椒片炒匀即可。

芥蓝炒瘦肉

原料 芥蓝250克，瘦肉100克

调料 蛋清、水淀粉、盐、姜片、蒜末、味精、料酒、色拉油各适量

做法

1 芥蓝择去老叶，洗净切段，梗切片；瘦肉切片，加蛋清、水淀粉、盐上浆入味，入热油中滑油，捞出沥油。

2 锅内留底油烧热，放姜片、蒜末爆香，加瘦肉、芥蓝翻炒均匀，加盐、味精、料酒炒熟，用水淀粉勾芡即可。

Tips

芥蓝有苦涩味，炒时加入少量料酒，可以改善口感。另外，芥蓝切片要薄一些，且厚度均匀，这样更易熟。

原料 里脊肉50克，洋葱50克，豌豆250克

调料 盐、淀粉、甜面酱、高汤、糖、姜末、味精、色拉油各适量

做法
1. 里脊肉切丝，加盐、淀粉码味；洋葱去皮切丝。
2. 锅内加油烧热，放入甜面酱、高汤、糖、盐、淀粉调成味汁。
3. 锅内加油，放姜末炝锅，放豌豆、肉丝、洋葱丝、味汁、味精炒匀至熟即可。

酱肉豌豆

原料 猪肉100克，豆芽菜75克，菠菜150克，韭菜50克，发好的粉丝150克，鸡蛋皮丝适量

调料 葱丝5克，酱油5克，料酒6克，姜汁6克，盐2克，味精3克，香油、色拉油各适量

做法
1. 猪肉切丝，豆芽菜洗净；菠菜、韭菜均洗净，切小段。
2. 炒锅放油烧热，下肉丝煸炒，加葱丝炒至肉丝断生，加入豆芽菜炒至断生，再放入菠菜段、韭菜段、发好的粉丝、蛋皮丝同炒，随炒随放入酱油、料酒、姜汁、盐、味精及香油，出锅装盘即成。

炒合菜

风味豆豉炒肉末

原料 猪肉馅300克，青椒1个，红椒1个

调料 豆豉、盐、味精、色拉油各适量

做法
1 青椒、红椒切成片。
2 锅中加油烧热，放入青椒、红椒煸炒，加入豆豉炒香，倒入猪肉馅翻炒，加入青椒圈、红椒圈，加盐、味精炒匀即可。

泡椒碎碎肉

原料 猪脊骨1000克，青蒜1棵，泡姜、泡椒各适量

调料 料酒、葱段、姜块、盐、干辣椒、郫县豆瓣酱、盐、味精、色拉油各适量

做法
1 猪脊骨剁大块，冷水入锅焯水，沸后捞出冲净，入高压锅中，加水、料酒、葱段、姜块、盐煮熟捞出，撕下骨头上的肉。
2 泡姜、泡椒均切末，青蒜切粒。
3 锅中加油烧热，放入干辣椒炝锅，再放入泡姜末、泡椒末、郫县豆瓣酱炒香，放入碎肉煸炒，放入青蒜粒、盐、味精炒1分钟即可。

Tips
必须用骨头上的肉味道才香。

炒榛子酱

原料 瘦肉300克，生榛仁150克，荸荠2个，水发香菇5克

调料 熟猪油25克，葱末8克，姜末5克，黄酱10克，料酒5克，酱油3克，味精3克，香油10克

做法
1 猪肉、荸荠、香菇分别切成0.6厘米见方的小丁；生榛仁去皮，炸成金黄色。
2 锅上火，放油，下肉丁煸炒到水分将干时，加入葱末、姜末、黄酱，待炒出酱香味时，烹入料酒，加入味精、酱油、荸荠丁、香菇丁、榛仁翻炒均匀，淋入香油即可装盘。

香辣熏肉

原料 五花肉500克，大米适量

调料 五香粉、料酒、盐、鲜橘皮、郫县辣酱、青蒜、白糖各适量

做法
1. 五花肉切长条，用五香粉、料酒、盐抓匀腌制30分钟，入烤箱烤至发干。
2. 炒锅内放入大米、五香粉、鲜橘皮，上面放一篦子。
3. 把烤过的五花肉放在篦子上熏制，锅中冒烟即可。熏好后将五花肉切片。
4. 锅中倒油，放入五花肉炒香，再放入郫县辣酱、青蒜、白糖翻炒出锅即可。

Tips 烤制时需肉朝上、肉皮朝下，以便皮焦。

火爆肚头

原料 猪肚尖300克，玉兰片、香菇、泡椒各30克

调料 盐、淀粉、味精、料酒、胡椒粉、淀粉、高汤、葱段、姜片、蒜末、葱花、色拉油各适量

做法
1. 肚尖处理干净，划上菱形纹路，切成一口大小的块，加盐、淀粉略腌。
2. 玉兰片切成薄片，香菇片薄片，泡椒剖开成两半。盐、味精、料酒、胡椒粉、淀粉、高汤调匀成味汁。
3. 锅加油烧热，下肚尖爆炒几下，加入葱段、姜片、蒜末，再加玉兰片、香菇片、泡椒，加入味汁炒匀，撒葱花即可。

老干妈炒腰花

原料 猪腰1只

调料 料酒、盐、水淀粉、干辣椒、姜片、蒜片、老干妈豆豉酱、盐、味精、淀粉、香油、葱花、色拉油各适量

做法
1. 猪腰剖开，去腰臊，切厚片，划上交叉刀纹，加料酒、盐、水淀粉抓匀腌渍5分钟，入七成热油锅中滑油至变色即捞出。
2. 锅留底油烧热，放入干辣椒、姜片、蒜片炝锅，加老干妈豆豉酱，倒入腰花，加盐、味精爆炒熟，勾芡，淋香油，撒葱花即可。

土匪猪肝

原料 猪肝300克，干辣椒5个，青蒜2棵

调料 料酒、鸡精、淀粉、胡椒粉、酱油、干辣椒、葱段、姜片、蒜片、豆豉、味精、色拉油各适量

做法
1. 猪肝洗净切片，加料酒、鸡精、淀粉、胡椒粉、酱油抓匀；青蒜切段；干辣椒掰碎。
2. 锅加油烧热，油要多一点，放干辣椒、葱段、姜片、蒜片爆香，放入豆豉煸炒1分钟，放入猪肝，烹入料酒，炒至八成熟，加入青蒜、味精炒匀即可。

麻辣猪肝

原料 猪肝200克，油炸花生米50克，青蒜1棵

调料 盐、料酒、干辣椒段、花椒、葱段、姜片、蒜片、豆豉、味精、酱油、淀粉、醋、色拉油各适量

做法

1 猪肝洗净，片成片，加盐、料酒腌渍20分钟。青蒜切段。

2 锅加油烧热，放入干辣椒段、花椒爆香，放入葱段、姜片、蒜片、豆豉煸炒，加入猪肝片炒熟，加入盐、味精、料酒、酱油，勾芡，淋少许醋，加入油炸花生米即可。

干烧肚条

原料 熟猪肚300克，红、绿柿椒各30克，香菇15克

调料 干辣椒段10克，葱8克，姜丝6克，蒜片10克，酱油8克，料酒15克，白糖15克，味精3克，辣椒油3克，醋、汤各适量

做法

1 猪肚、柿椒、香菇均切细条；肚条过油炸一下，控油。

2 油烧热，入干辣椒段、葱、姜、蒜煸香后加肚条翻炒，加酱油、汤、料酒、白糖、味精和醋烧开，去掉浮沫，微火烧入味，放红、绿柿椒和香菇炒几下，淋辣椒油即可。

油爆肚仁

原料 猪肚350克，青蒜50克

调料 盐3克，料酒10克，味精2克，葱8克，姜汁10克，鸡蛋清、淀粉、醋、蒜、清汤各适量

做法

1 将猪肚去掉外皮、筋膜，洗净，剞荔枝花刀，再切块，加鸡蛋清、盐、淀粉调匀浆好；青蒜切小段。

2 取碗，放入清汤、料酒、味精、盐、葱、姜汁、蒜，调成芡汁。

3 炒锅放油烧热，放猪肚块过油，控油；再放回炒锅，翻炒两下，加芡汁炒，烹醋，再放青蒜段翻炒，即可装盘。

炒猪肝

原料 猪肝200克，青椒片适量

调料 水淀粉、葱段、泡椒段、料酒、酱油、盐、味精、色拉油各适量

做法
1 猪肝切片，加盐、水淀粉上浆。
2 锅置火上，放入油烧至四成热，下猪肝滑熟，盛出；青椒片用油焐熟，待用。
3 炒锅留底油，下葱段、泡椒段，加料酒、酱油、盐、味精调味，勾芡，倒入猪肝及青椒片，翻炒匀出锅装盘即可。

牛蒡炒肚丝

原料 牛蒡200克，熟肚丝250克，青红椒丝60克

调料 醋、蒜末、盐、酱油、味精、香油、色拉油各适量

做法
1 牛蒡切丝，放入沸水中加醋焯一下。
2 炒锅加油烧热，用蒜末炝锅，加肚丝、盐、酱油翻炒熟，放牛蒡丝、青红椒丝、味精，用大火炒均匀，淋香油即可。

Tips
牛蒡切后容易变黑，焯水时加少许醋可以防止牛蒡变黑。

芫爆肚丝

原料 猪肚500克，香菜50克

调料 葱段25克，姜片25克，蒜片10克，料酒15克，盐3克，姜汁5克，味精4克，香油5克，色拉油50克，碱、醋、葱丝、胡椒粉各适量

做法
1 将猪肚用碱和醋搓洗除杂，洗净后汆烫。
2 锅里放凉水，加葱段、料酒、姜片、猪肚烧开，改微火煮熟猪肚，切丝；香菜去叶，切小段。
3 炒锅放油烧热，放葱丝、蒜片炒香，下肚丝，边炒边加料酒、盐、姜汁、味精、醋，再放胡椒粉及香菜段，淋香油拌匀即可。

炒肚片

原料 熟猪肚300克，青椒片适量

调料 干辣椒、泡椒段、料酒、甜面酱、蒜、酱油、盐、味精、水淀粉、色拉油各适量

做法
1 熟猪肚切成片，滑油盛出；青椒片用油焐熟，待用。
2 炒锅中留底油，放干辣椒、泡椒段干煸，加料酒、甜面酱、蒜、酱油、盐、味精，勾芡，倒入肚片及青椒片，翻炒装盘即可。

洋葱爆肚

原料 洋葱200克，猪肚150克，朝天椒50克

调料 盐2克，葱10克，姜5克，蒜8克，料酒5克，美极鲜味汁5克，酱油3克，味精3克，面粉、色拉油各适量

做法
1 洋葱去皮切条；朝天椒切两半。
2 猪肚用面粉、盐反复搓揉擦匀，用水多冲几次，煮熟切条。
3 锅中加油烧热，下葱、姜、蒜、朝天椒炒香，烹料酒，放洋葱、猪肚炒匀，加美极鲜味汁、盐、酱油炒至九成熟，放味精炒熟即可。

韭黄炒猪肝

原料 猪肝150克，韭黄250克，青椒丝、南瓜丝各少许

调料 盐、淀粉、味精、胡椒粉、姜、色拉油各适量

做法
1 猪肝切片，冲水，控干，加盐、淀粉拌匀；韭黄切段，与青椒丝、南瓜丝略焯水待用。
2 锅中放油烧至四成热，放入猪肝片略炒至断生即可。
3 锅中留底油，炒香姜，加入韭黄段、青椒丝、南瓜丝、猪肝及余下调料，翻炒即成。

火爆腰花

原料 猪腰2个，青椒丝、红椒丝各30克

调料 姜、蒜、葱、泡椒、料酒、盐、水淀粉、味精、胡椒粉、酱油、高汤、香油、色拉油各适量

做法
1. 姜、蒜去皮，切片；葱、泡椒斜切成片；猪腰去筋膜，一剖为二，片去腰臊，剞上花纹，加料酒、盐、水淀粉拌匀上浆。
2. 用盐、味精、胡椒粉、料酒、酱油、高汤、水淀粉、香油对成芡汁。
3. 油锅烧热，放入腰花爆开，捞出沥油；炒锅中留底油，下泡椒、葱、姜、蒜爆香，放入青红椒丝炒匀，倒入腰花和芡汁，待收汁后炒匀即可。

炒耳丝

原料 熟猪耳1只，蒜苗段、红椒片各适量

调料 海鲜酱、酱油、盐、味精、色拉油各适量

做法
1. 熟猪耳切成丝。
2. 炒锅放油烧热，下蒜苗段、红椒片、猪耳丝爆炒，加海鲜酱、酱油、盐、味精调味，炒匀出锅装盘即可。

Tips 熟猪耳可以在超市直接购买，也可以自己煮熟备用。

荔枝腰花

原料 猪腰2个，冬笋、水发木耳各适量

调料 葱、姜、料酒、盐、味精、老抽、胡椒粉、清汤、水淀粉、色拉油各适量

做法
1. 猪腰撕去外膜，对剖后批去腰臊，洗净，剞上荔枝花刀，加盐、味精、葱、姜、料酒腌渍入味；葱姜切末；冬笋切片；木耳撕成小朵，洗净。原料分别焯水。
2. 锅中放油烧热，下腰花滑油，用漏勺沥油。
3. 锅中留底油烧热，下葱姜末煸香后加冬笋片、木耳炒匀，加清汤、盐、味精、老抽烧开，勾芡，下腰花翻炒均匀，撒上胡椒粉，淋热油即可。

爆三样

原料 猪腰250克，猪肝250克，猪肚250克，笋片、菜花、青豆各适量

调料 盐10克，味精3克，料酒10克，大葱10克，葱姜蒜末5克，蛋清、水淀粉、清汤、色拉油各适量

做法

1 猪腰、猪肝均洗净切片；猪肚洗净，加大葱、料酒，用高压锅煮10分钟后切片，与前两样一起加盐、蛋清、水淀粉抓匀；清汤、盐、料酒、味精、水淀粉调成芡汁。

2 炒锅加油烧热，入猪腰片、猪肝片、猪肚片拨散至熟，倒入漏勺；锅留底油，放葱姜蒜末煸香，下猪腰片、猪肝片、猪肚片及芡汁翻炒匀，再加其他原料炒熟，出锅装盘。

辣子腰花

原料 猪腰2个

调料 盐、味精、料酒、干淀粉、干辣椒、葱段、色拉油各适量

做法

1 将猪腰撕去外膜，从中间剖开，去腰臊，剞上十字刀纹，再改刀成三角片。

2 将腰花用盐、味精、料酒、干淀粉调匀，入150℃油锅中炸至结壳。

3 另起锅放油烧热，将干辣椒、葱段煸香，倒入腰花翻炒均匀即可。

Tips 猪腰要处理干净，要炸透。

菠菜炒猪肝

原料 猪肝250克，菠菜150克

调料 淀粉、色拉油、葱末、姜末、酱油、味精、料酒、白糖、水淀粉各适量

做法

1 猪肝洗净，切片，放入碗中，加淀粉拌匀；菠菜择洗干净，切段备用。

2 炒锅倒入油烧热，放入猪肝片滑油至变色，倒入漏勺沥油。

3 锅中留少许油加热，投入葱末、姜末炸香，放入菠菜稍炒，再放入猪肝片、酱油、味精、料酒、白糖炒匀，用水淀粉勾芡后即可出锅装盘。

荷兰豆炒腰花

原料 猪腰2个，荷兰豆100克，红辣椒少许

调料 盐、味精、料酒、水淀粉、酱油、糖、醋、胡椒粉、色拉油各适量

做法
1. 猪腰洗净，剞上十字刀纹，再改刀成三角片；荷兰豆洗净，斜切成片。
2. 腰花用盐、味精、料酒、水淀粉调匀，入150℃油锅中滑油待用。
3. 锅留底油，煸炒荷兰豆片，加盐、酱油、糖、味精调味，勾芡，倒入腰花片翻炒均匀，淋响醋，撒胡椒粉，装饰红辣椒即可。

茭白炒心片

原料 猪心1个，茭白（高瓜）20克，泡椒段适量

调料 蛋清、料酒、酱油、白糖、盐、味精、水淀粉、色拉油各适量

做法
1. 猪心切成片，在一面剞十字花刀，加盐、水淀粉、蛋清上浆；茭白切成片。
2. 锅置火上，放入油烧至四成热，下猪心片滑油，盛出；茭白片用油焐熟，待用。
3. 锅内留底油，放泡椒煸炒，加料酒，用酱油、白糖、盐、味精调好味，勾芡，倒入其他原料，炒匀装盘即可。

马蹄炒猪心

原料 猪心1个，尖椒20克，马蹄50克

调料 盐、料酒、水淀粉、味精、葱、姜、糖、胡椒粉、酱油、色拉油各适量

做法
1. 猪心剖开洗净，切成片，用盐、料酒、水淀粉上浆；尖椒、马蹄洗净切片。
2. 锅中加油，加热至120℃时将猪心滑油，出锅前将尖椒片、马蹄片一并滑油，盛出。
3. 锅留底油，加盐、味精、葱、姜、糖、胡椒粉、酱油和少量水，勾芡后倒入猪心片、尖椒片、马蹄片，翻炒均匀即可装盘。

炒腰片

原料 猪腰2个，青椒片、红椒片、笋片各适量

调料 盐、水淀粉、葱段、料酒、酱油、味精、色拉油各适量

做法
1 猪腰去腰臊，批成片，加盐、水淀粉上浆。
2 锅置火上，放入油烧至五成热，下腰片滑熟；青椒片、红椒片、笋片用油焐熟，待用。
3 炒锅留底油，下葱段，加料酒、酱油、盐、味精调味，勾芡，倒入所有材料，炒匀装盘即可。

九转大肠

原料 肥肠750克，香菜适量

调料 葱姜蒜末5克，料酒10克，盐3克，酱油20克，香醋50克，胡椒粉30克，砂仁粉2克，肉桂粉3克，花椒油5克，白糖、清汤、色拉油各适量

做法
1 肥肠入沸水煮至八成熟，捞出切段。锅内放油烧热，加白糖炒至棕红色，下肥肠段炒至上色捞出。
2 油锅烧热，下葱姜蒜末炒香，烹料酒，加盐、酱油、香醋、白糖、清汤、肥肠段，改小火焖至汤汁收干时放胡椒粉、砂仁粉、肉桂粉，淋上花椒油炒匀，撒上香菜即可。

辣味姜葱炒大肠

原料 熟猪大肠300克

调料 葱、姜、干辣椒、醋、糖、酱油、料酒、色拉油各适量

做法 1 熟猪大肠切段；干辣椒、葱洗净，切段；姜切片。

2 锅中加油烧热，煸香葱段、姜片、干辣椒段，放猪大肠段拌炒，加醋、糖、酱油调味，烹入料酒，翻炒均匀后出锅装盘即可。

酸辣大肠

原料 净大肠300克，青蒜150克

调料 八角3个，桂皮3片，花椒10粒，料酒、盐、清汤、味精、香醋、胡椒粉、尖椒、姜、酱油、色拉油各适量

做法 1 猪大肠去油洗净，切成长2.5厘米的段，入沸水锅，加料酒、盐、八角、桂皮、花椒煮透，捞出控水，再入清汤煮熟待用；青蒜切段待用。

2 锅放油烧热，炒香姜，加适量清汤，放大肠段、青蒜段，加入胡椒粉、尖椒、香醋、酱油、味精烧开，装盘即成。

炒肥肠

原料 熟肥肠200克，洋葱片25克，青椒片10克，红椒片10克，葱白片10克

调料 料酒、盐、味精、酱油、白糖、醋、水淀粉、色拉油各适量

做法
1. 肥肠切段，入沸水汆烫，沥干水分。
2. 锅置火上，放入油烧至五成热，放入肥肠爆熟，待用。
3. 锅留底油，放肥肠段、洋葱片、青椒片、红椒片、葱白片，加料酒煸炒，用盐、味精、酱油、白糖、醋调味，勾芡，翻炒后出锅装盘即可。

荷兰豆炒腊肉

原料 腊肉200克，荷兰豆300克，红椒50克

调料 葱段10克，蒜片10克，盐2克，味精4克，色拉油适量

做法
1. 荷兰豆去筋，用清水泡一下捞出。
2. 腊肉上蒸笼用大火蒸20分钟，取出切片；红椒去籽、蒂，切片。
3. 锅内加油烧热，放腊肉、葱段、蒜片煸香，再放荷兰豆、红椒炒匀，用盐、味精调味炒熟即可。

Tips

1荷兰豆也可以焯一下水，但时间不要过长，否则口感不脆。

2在炒的时候最好少加盐，因腊肉本身带有咸味。

春笋烧腊肉

原料 春笋300克，腊肉200克，青蒜3根，红辣椒1个

调料 盐2克，料酒10克，老抽10克，味精3克，色拉油适量

做法
1. 腊肉切条，入沸水焯至肥肉半透明；春笋切片；红椒切丝；青蒜切斜段。
2. 锅内加油烧热，放春笋片煸至焦黄，放腊肉、红椒丝、青蒜段炒匀，加盐、料酒、老抽调味炒熟，加味精炒匀装盘。

西芹炒腊肉

原料 腊肉300克，西芹适量

调料 姜片、料酒、盐、味精、水淀粉、色拉油各适量

做法 1 腊肉切成片，下油锅焐熟，待用；西芹切片。

2 炒锅留底油，下姜片，加料酒，倒入腊肉片及西芹片爆炒，加盐、味精调味，用水淀粉勾薄芡，炒匀淋明油，出锅装盘即可。

干豆角炒腊肉

原料 干豆角1小把，腊肉200克，青蒜1棵

调料 葱段、干辣椒、花椒、姜片、蒜粒、料酒、盐、色拉油各适量

做法 1 干辣椒掰成段。干豆角用温水泡软，切段。腊肉泡半天，入锅蒸20分钟，取出切薄片。

2 锅加油烧热，放入葱段炝锅，放入干豆角煸炒至干香，盛出。青蒜切段。

3 锅洗净，加油烧热，放入腊肉炒至肥肉成半透明状，加入干辣椒、花椒、姜片、蒜粒煸炒，烹入料酒，再加入干豆角、盐、青蒜段炒匀即可。

Tips

腊肉有咸味，盐要少放。腊肉也可不蒸，直接切片入锅炒，但味道会比较咸。

冬笋炒腊肉

原料 腊肉200克，冬笋200克，青蒜1棵

调料 干辣椒、永川豆豉、姜片、料酒、盐、味精、色拉油各适量

做法 1 腊肉泡半天，洗净，入锅蒸20分钟，取出切片。冬笋切片，入沸水中焯水5分钟，捞出沥干。青蒜切段。干辣椒掰成小段。

2 锅加油烧热，放入干辣椒、永川豆豉、姜片小火炒香，放入腊肉炒至肥肉呈半透明状，加料酒、冬笋、少许盐、味精翻炒，再加青蒜炒1分钟即可。

莴笋炒腊肉

原料 腊肉200克，莴笋1根，红尖椒1个

调料 花椒、味精、色拉油各适量

做法 1 腊肉泡半天，刮去表面的油污，洗净切片；莴笋去皮切片；红尖椒切片。

2 锅加油烧热，放入花椒爆香，加腊肉炒至肥肉呈半透明状，放入莴笋、红椒片翻炒，放少许味精调味即可。

原料 萝卜干200克，腊肉200克

调料 姜片、蒜片、豆豉、剁椒、高汤、鸡精、色拉油各适量

做法 1 萝卜干温水泡软，洗净沥干切小段。

2 腊肉泡半天，洗净，入锅蒸20分钟，取出切薄片。

3 锅加油烧热，煸香姜片、蒜片，放入豆豉、剁椒爆香，加入腊肉翻炒1分钟，倒入萝卜干，加少许高汤略烧3分钟，加鸡精调味即可。

原料 烟笋100克，腊肉300克，青蒜2棵

调料 干辣椒、高汤、盐、糖、味精、色拉油各适量

做法 1 烟笋剖开，切段，入沸水锅煮熟。腊肉泡水半天，刮净油污，洗净切片。青蒜切斜片。

2 锅加油烧热，放入干辣椒小火炝锅，放入腊肉炒至卷曲出油，加入烟笋、少许高汤、盐、糖、味精焖一会儿，大火收汁，加青蒜段翻炒即可出锅。

烟笋如果在高汤中煮熟味道更好。

蕨菜炒腊肉

原料 干蕨菜100克，腊肉300克，青蒜1棵，红椒1个

调料 葱段、姜片、蒜瓣、郫县豆瓣酱、高汤、色拉油各适量

做法
1. 干蕨菜冷水泡发，挤干水分，入沸水中煮5分钟，捞出冲凉，切成5厘米长段；红椒切菱形片；腊肉泡半天，刮去油污，洗净切片。
2. 锅加油烧热，放入腊肉炒至出油，盛出。
3. 原锅中加入葱段、姜片、蒜瓣炝出香味，加入蕨菜翻炒一下，加入腊肉、郫县豆瓣酱、少许高汤炒熟，大火收汁，加青蒜、红椒拌匀即可出锅。

藜蒿炒腊肉

原料 腊肉（去皮）400克，藜蒿300克

调料 盐1克，干红椒15克，色拉油50克

做法
1. 将腊肉切片，焯水；藜蒿洗净，切4厘米长的段。
2. 锅置火上，加底油烧至六成热，下入腊肉片，炒至打卷后加入干红椒、藜蒿段，再加盐炒匀，淋清水焖1分钟，盛起装盘即成。

Tips

焖制时间不要超过1分钟，否则会破坏藜蒿的爽脆口感。

蒜薹炒腊肉

原料 蒜薹200克，腊肉250克

调料 干辣椒、料酒、盐、味精、色拉油各适量

做法
1 蒜薹切段；腊肉切片；干辣椒切小段。
2 炒锅加油烧至六成热，下干辣椒段爆香，放腊肉片炒至出油，烹料酒，再加蒜薹段、盐、味精炒至入味，起锅即可。

如果腊肉太咸，可以在炒前焯一下水。

西芹百合炒腊肉

原料 腊肉150克，西芹50克，百合50克，菠萝50克

调料 蒜末5克，姜片4克，盐2克，糖2克，味精3克，水淀粉、色拉油各适量

做法
1 腊肉切成片；西芹去筋切成片；百合剥好瓣；菠萝去皮切成片。锅中放水烧开，放西芹、百合焯水。锅加油烧热，放腊肉用小火煸炒至变色，倒出控油。
2 锅留底油，放入蒜末、姜片炝锅，放腊肉、西芹一起翻炒，再放百合、菠萝，用盐、糖、味精调味，用水淀粉勾芡即可。

时蔬炒腊肉

原料 嫩油菜250克，腊肉200克

调料 猪油20克，葱末2克，姜末2克，料酒6克，盐5克，味精3克，高汤5克，色拉油适量

做法
1 将油菜去根、叶，留菜帮，洗净后，切成约3厘米长的斜片；腊肉切片。
2 锅置火上，加油烧至四成热，下油菜片炒半分钟捞起；锅内加猪油烧热，放入腊肉片，加葱末、姜末煸炒几下，再放油菜片，烹料酒，放盐、味精、高汤，翻炒几下，出锅装盘。

芦笋焖腊肉

原料 腊肉250克，芦笋200克，春笋、仙山玉珠各适量

调料 姜、蒜、盐、味精、胡椒粉、干红辣椒、水淀粉、色拉油各适量

做法
1 腊肉切条；芦笋切段；春笋切段；仙山玉珠洗净。分别焯水待用。
2 锅放油烧热，炒香姜、蒜，放入腊肉、水焖1分钟， 加入其他原料再焖3分钟，加入盐、味精、胡椒粉、干红辣椒翻炒匀，用水淀粉勾芡即成。

原料 杭椒100克，腊肉150克，胡萝卜200克

调料 葱10克，姜5克，盐2克，胡椒粉3克，味精4克，色拉油适量

做法
1. 胡萝卜去皮切薄条；腊肉切条，放入水中焯去咸味；杭椒去蒂切段。
2. 炒锅内加油烧热，下葱、姜、杭椒煸香，下腊肉用小火炒至变色或出油。
3. 下胡萝卜炒匀，加盐、胡椒粉炒至入味，下味精炒熟即可。

胡萝卜炒腊肉

原料 胡萝卜200克，火腿肉30克，黄瓜150克，红绿甜椒各1个，玉米粒50克

调料 淀粉15克，鸡汁20克，盐5克，色拉油适量

做法
1. 将胡萝卜去皮切小丁；黄瓜、甜椒、火腿肉切小丁；淀粉加水、浓缩鸡汁调匀。
2. 锅中加油烧热，放入胡萝卜翻炒一下，依次放入火腿和黄瓜、红绿甜椒、玉米粒一起翻炒，加盐，将水淀粉汁加入锅中，不断翻炒，待汤汁浓稠时即可。

火腿玉米粒

辣椒炒腊肠

原料 腊肠300克，青椒、红椒各1个

调料 蒜10克，生抽2克，味精3克，色拉油适量

做法
1. 腊肠切斜刀片；青红椒去蒂、籽，切菱形片；蒜切蓉。
2. 锅加油烧热，放蒜蓉、腊肠稍煸，放青红椒炒匀，加生抽、味精炒熟即可。

Tips 如果偏爱辣味，也可换成杭椒或干辣椒。

青蒜炒腊肠

原料 腊肠150克，青蒜200克，红椒片少许

调料 姜、盐、味精、白糖、酱油、老干妈辣酱、色拉油各适量

做法
1. 腊肠切片，焯水待用；青蒜切段。
2. 锅放油烧热，煸香腊肠片，捞出控油。
3. 锅放油烧热，炒香姜、青蒜，加盐、味精、白糖、酱油调味，放老干妈辣酱、腊肠、红椒片一起炒，炒匀即成。

杭椒腊肉炒扁豆

原料 杭椒100克，腊肉100克，扁豆200克

调料 葱片8克，盐2克，美极鲜味汁4克，酱油2克，色拉油适量

做法
1. 杭椒劈开切段；腊肉上笼蒸20分钟，取出切条；扁豆去筋切段。
2. 锅内加水烧开，扁豆焯至六成熟，捞出。
3. 锅加油烧热，下葱片、杭椒，腊肉煸炒出香味，放入扁豆炒匀，加盐、美极鲜味汁、酱油炒熟即可。

Tips 扁豆也可用油炸一下，但不要炸得太干，以免影响口感。

菠萝炒牛肉

原料 牛肉400克，菠萝150克，青椒50克

调料 盐2克，味精2克，糖2克，水淀粉、蛋清、色拉油各适量

做法
1. 牛肉切片，加蛋清、水淀粉上浆，滑油捞出；菠萝洗净，去皮切片；青椒切片。
2. 锅内加油，放青椒片、菠萝片、牛肉片炒匀，加盐、味精、糖调味，用水淀粉勾薄芡即可。

辣炒牛肉

原料 牛肉300克，青红椒100克，西芹50克

调料 蛋清10克，淀粉20克，葱花5克，姜片4克，蒜片8克，香辣酱5克，盐1克，美极鲜味汁2克，味精2克，色拉油适量

做法
1. 牛肉切片，用蛋清、淀粉上浆；青红椒去蒂切圈；西芹洗净切段。
2. 锅内加油烧至五成热，下牛肉滑熟。
3. 锅留油烧热，下葱花、姜片、蒜片炒香，入青红椒、西芹煸炒均匀，放香辣酱、牛肉、盐、美极鲜味汁炒匀，加味精炒熟即可。

白椒炒牛肉

原料 牛肉300克，白椒150克，红椒片少许

调料 料酒、盐、淀粉、葱、姜、味精、蚝油、胡椒粉、白糖、色拉油各适量

做法
1. 牛肉切薄片，加料酒、盐、淀粉拌匀；白椒去籽，切菱形块，与红椒片一起焯水。
2. 锅放油烧至四成热，下牛肉片滑油，炒散至断生，待用。
3. 锅放油烧热，炒香葱、姜，倒入牛肉片、白椒片、红椒片，加味精、蚝油、胡椒粉、白糖调味，翻炒匀即成。

莴笋炒牛肉

原料 莴笋250克，牛肉50克

调料 淀粉、盐、葱段、姜片、生抽、味精、色拉油各适量

做法
1 莴笋削皮，洗净切片。
2 牛肉切片，加入淀粉、盐上浆，放入五成热油中过油，捞出沥油。
3 炒锅加油烧热，下葱段、姜片爆香，再加牛肉片、生抽翻炒均匀，放入莴笋片、盐、味精炒熟出锅。

干煸牛肉丝

原料 嫩瘦牛肉400克，芹菜段60克

调料 盐、豆瓣辣酱、辣椒粉、糖、料酒、酱油、味精、青蒜段、姜丝、醋、花椒粉、色拉油各适量

做法
1 牛肉剔除筋膜，片薄片，逆纹切丝；豆瓣辣酱剁成细泥。
2 油锅烧热，下牛肉丝快速煸炒，加盐炒至肉变成枣红色，放豆瓣辣酱泥和辣椒粉煸炒，再加糖、料酒、酱油、味精翻炒，放芹菜、青蒜段、姜丝拌炒，淋醋炒匀盛出，撒上花椒粉即可。

Tips

切牛肉时，先将大块牛肉顺纹切片，再逆纹切丝。

陈皮牛肉

原料 牛里脊300克，陈皮适量

调料 盐、水淀粉、蛋清、花椒、料酒、酱油、白糖、味精、色拉油各适量

做法
1. 牛里脊切片，加盐、水淀粉、蛋清上浆；陈皮泡软后掰块。
2. 锅置火上，放油烧至四成热，下牛肉滑油。
3. 锅留底油，下花椒、陈皮块煸香，加料酒，用酱油、白糖、盐、味精调味，勾芡，倒入牛肉片，翻炒匀装盘即可。

百合炒牛肉

原料 百合100克，牛肉300克，青红椒各50克

调料 盐、酱油、蚝油、料酒、香油、胡椒粉、水淀粉、姜片、蒜片、色拉油各适量

做法
1. 牛肉切片，用水淀粉上浆，入热油滑油后沥油；百合剥开去掉黑头洗净。青红椒洗净切片。
2. 盐、酱油、蚝油、料酒、香油、胡椒粉、水淀粉放入碗中调匀成芡汁。
3. 炒锅加油烧热，放姜片、蒜片爆香，放青红椒片、牛肉片、百合炒匀，淋芡汁炒熟。

豌豆炒牛肉

原料 豌豆250克，牛里脊200克

调料 淀粉、酱油、干辣椒段、葱末、姜末、盐、味精、色拉油各适量

做法
1. 牛里脊切丁，用淀粉加酱油抓匀。
2. 锅内加油烧热，放入干辣椒段、葱末、姜末煸香，倒入牛肉丁炒至变色，加豌豆炒熟，加盐、味精、酱油炒匀。

消化不良者不宜食用过多，慢性胰腺炎患者忌食。

春笋炒牛肉

原料 牛肉300克，去壳春笋100克，红椒1个

调料 盐、味精、嫩肉粉、料酒、葱、酱油、糖、水淀粉、干辣椒、色拉油各适量

做法
1. 牛肉洗净切片，用盐、味精、嫩肉粉、料酒腌渍后滑油。
2. 春笋洗净，焯水后切片；红椒洗净，切片。
3. 锅放油烧热，放入葱、春笋片、红椒片煸炒，加酱油、糖、盐调味，用水淀粉勾芡，加牛肉片、干辣椒炒匀即可。

原料 牛柳350克，红黄椒20克，甜豆100克

调料 蛋清1个，淀粉20克，蚝油5克，海鲜酱5克，盐1克，糖4克，色拉油适量

做法 1 牛柳切条，用蛋清、淀粉腌制；甜豆去尖，焯水摆在盘中；红黄椒切条。
2 锅内加油烧热，下牛柳滑熟。
3 锅留油烧热，放蚝油、海鲜酱、牛柳、红黄椒炒匀，加盐、糖炒熟，用水淀粉勾芡，盛在甜豆上即可。

甜豆酱爆牛柳

原料 牛肉300克，南瓜150克，青红椒50克

调料 蛋清1个，淀粉20克，葱花5克，姜10克，盐2克，酱油3克，味精4克，色拉油适量

做法 1 牛肉切片，用蛋清、淀粉上浆；南瓜去皮切片；青红椒切块。
2 锅内加油烧热，下牛肉片滑熟。
3 锅留油烧热，下葱花、姜炒香，放牛肉、南瓜、青红椒炒匀，加盐、酱油调味，然后加味精炒熟即可。

南瓜炒牛肉

麻辣牛里脊

原料 牛里脊1000克

调料 料酒、盐、葱、姜、干辣椒、花椒、白糖、酱油、味精、熟白芝麻各适量

做法
1 牛里脊切大块，用清水浸泡1小时，切成片，再用清水浸泡15分钟。
2 捞出后挤干水分，加料酒、盐、葱、姜腌制。
3 锅中入底油稍加热后加入辣椒段、花椒翻炒出香味，把腌好的牛肉片倒入锅中煸干水分，加入白糖、酱油、味精，翻炒至收汁。
4 出锅后撒适量熟白芝麻即可。

黑椒牛柳

原料 牛肉200克，洋葱丝50克

调料 黑胡椒、嫩肉粉、盐、味精、淀粉、葱花、色拉油各适量

做法
1 牛肉切成长方形薄片，用嫩肉粉、盐、味精、淀粉上浆，入油锅中滑油至熟，倒入漏勺沥油待用。
2 炒锅置火上，放入油，加洋葱丝炒香，放入黑胡椒、盐、味精调味，投入牛肉片，翻锅炒匀，起锅装入盘中，撒上葱花即成。

一定要掌握好火候，用文火慢炒。

原料 奶白菜500克，苹果100克，牛里脊250克

调料 盐、辣椒面、味精、白糖、葱、姜、蒜、料酒、蚝油、干淀粉、干辣椒各适量

做法 1 奶白菜加入盐，腌出水分；辣椒面用开水调成糊，放入盐和味精调味，再放入适量白糖搅匀；苹果去皮切成碎末，把葱末、姜末、蒜末放入苹果碎中拌匀。

2 挤去白菜中的水分，倒入苹果碎、辣椒糊拌匀，放置12小时成泡菜，切成块备用；牛里脊切成小条，加料酒、蚝油腌制后加干淀粉拌匀，入油锅滑熟，盛出备用。

3 锅中入底油烧热，依次放入干辣椒、葱末、姜末，倒入泡菜炒熟，放入牛柳翻炒片刻后出锅。

原料 牛肉200克，芦笋150克

调料 小苏打2克，酱油20克，胡椒粉1克，水淀粉10克，料酒40克，葱片20克，姜片20克，糖2克，盐3克，味精2克，花生油适量

做法 1 牛肉去筋膜，切丝，加小苏打、酱油、胡椒粉、水淀粉、料酒腌10分钟。

2 油锅烧热，放牛肉丝炒至变白，盛出沥油。

3 锅内留底油，放葱姜片、糖、酱油、盐、味精、水烧沸，勾芡，下牛肉丝、芦笋段炒匀即可。

香干辣牛肉

原料 香干150克，牛肉260克，小米椒50克

调料 蛋清1个，淀粉15克，葱段10克，盐3克，味精3克，酱油2克，色拉油适量

做法

1 将牛肉切条，用蛋清、淀粉上浆；香干切条；小米椒切条。

2 锅内加油烧至六成热，下入牛肉条滑散。

3 锅留油烧热，下葱段炝锅，放牛肉、香干、小米椒炒匀，加盐、味精、酱油炒熟即可。

豆瓣炒牛肉

原料 蚕豆150克，牛肉200克，红椒20克

调料 蛋清1个，葱花10克，姜末5克，盐2克，美极鲜味汁5克，蚝油2克，味精3克，淀粉、色拉油各适量

做法

1 牛肉切粒，用蛋清、淀粉上浆稍腌；红椒切丁。

2 锅内加油烧至五成热，入牛肉粒滑熟。

3 锅留油烧热，下葱、姜炒香，放蚕豆、牛肉、红椒煸炒1分钟，加入盐、美极鲜味汁、蚝油炒匀，最后加味精炒熟即可。

原料 牛肉200克，青椒片、红椒片各50克，方便面1包

调料 嫩肉粉、盐、味精、淀粉、色拉油、葱花各适量

做法 1 将方便面入油锅炸后放入盘中。

2 牛肉切薄片，用嫩肉粉、盐、味精、淀粉上浆，入油锅滑油至熟，捞出沥油。

3 油锅烧热，加入青红椒片煸炒，加盐、味精调味，投入牛肉片，炒匀，起锅装入放有方便面的盘中，撒上葱花即可。

Tips

炒前，将牛肉进行上浆和过油处理，可使牛肉口感更鲜嫩。

瓦块牛肉

原料 新鲜牛肉200克

调料 盐、孜然粉、味精、花椒粉、胡椒粉、糖、辣椒粉、姜末、酱油、白酒、淀粉、干红辣椒段、色拉油各适量

做法 1 牛肉切片，加盐、孜然粉、味精、花椒粉、胡椒粉、糖、辣椒粉、姜末、酱油、白酒抓匀，放置半小时。

2 腌制好的牛肉片中放淀粉，拌匀。

3 油锅烧热，放入牛肉片炸干，捞出沥油。炒锅置火上，投入干红辣椒段爆香，入牛肉片炒匀即可。

麻辣牛肉干

蒜薹炒牛肉

原料 牛肉300克，蒜薹100克，胡萝卜20克，笋片少许

调料 盐、料酒、水淀粉、蒜、姜、味精、胡椒粉、色拉油各适量

做法
1 牛肉洗净切片，加盐、料酒、水淀粉拌匀；蒜薹切段；胡萝卜洗净切片。
2 锅中加油烧至三成热，将牛肉片滑油，捞出沥油。
3 锅留底油，爆香蒜、姜，加牛肉片和蒜薹段、胡萝卜片、笋片、盐、味精、胡椒粉，炒匀即可。

Tips 用来炒肉片的话，要选择嫩牛肉。

西蓝花炒牛肉

原料 牛腱肉200克，西蓝花100克

调料 色拉油、蒜末、姜末、小苏打、盐、味精、白糖、胡椒粉、料酒、生抽、老抽、淀粉各适量

做法
1 牛肉洗净，切片，加小苏打、盐、味精、白糖、胡椒粉、料酒、生抽、老抽、淀粉、色拉油拌匀后盖好保鲜膜，冷藏30分钟，备用。
2 将盐、味精、白糖、胡椒粉、淀粉加少许清水对成味汁备用。
3 西蓝花洗净切块，入沸水中焯水后控水。
4 锅放油烧热，将蒜末、姜末爆香，入牛肉片、西蓝花迅速翻炒，加味汁炒匀，起锅装盘即可。

Tips 购买西蓝花时，可留意茎部切口，来判断新鲜程度。

香菜炒牛百叶

原料 香菜100克，牛百叶450克

调料 姜丝、料酒、盐、生抽、味精、色拉油各适量

做法
1. 牛百叶洗净切丝；香菜洗净切段。
2. 锅内加油烧热，放姜丝炝锅，加入牛百叶丝略炒，烹料酒，加入盐、生抽、味精翻炒均匀，最后放香菜段炒匀即可。

Tips

香菜不能炒太久，快出锅时放，才能保持营养不流失。

爆炒牛百叶

原料 熟牛百叶、蒜头、青红椒丝各适量

调料 盐、味精、白胡椒粉、色拉油各适量

做法 油锅烧热，放入蒜头炸香，再放入熟牛百叶、青红椒丝、盐、味精拌匀翻炒几下，撒上白胡椒粉即可出锅装盘。

Tips

此菜口味鲜咸，牛百叶肉质滑嫩。

茭白炒羊肉丝

原料 茭白300克，羊肉150克，红椒30克

调料 蛋清、水淀粉、葱末、姜末、酱油、料酒、盐、味精、色拉油各适量

做法
1. 羊肉切丝，用蛋清、水淀粉上浆。
2. 茭白剥去老皮，去根切丝；红椒去籽，洗净切丝。
3. 炒锅放油烧热，放入羊肉丝炒散，放葱末、姜末、酱油、料酒炒匀，再放茭白丝、红椒丝、盐、味精炒熟即可。

菊花羊肉

原料 鲜羊后腿肉250克，鲜菊花瓣适量

调料 盐3克，料酒6克，味精2克，姜汁5克，葱丝5克，蛋清、清汤、胡椒粉、淀粉、色拉油各适量

做法
1. 羊肉洗净，去筋膜，切细丝，泡去血水，搌干，加盐、蛋清、淀粉调匀上浆；菊花择好，洗净，沥干水。
2. 取一个碗，放入清汤、料酒、盐、味精、胡椒粉、姜汁、淀粉、葱丝，调匀成芡汁。
3. 炒锅放油，烧至二三成热，放羊肉丝滑透，捞出控油，再放回炒锅中，放入芡汁翻炒，再放入菊花，翻炒几下，淋明油，出锅装盘即成。

爆羊三样

原料 鲜羊后腿肉、羊肝、羊腰各100克，冬笋50克，鸡蛋1个，青椒、红椒各适量

调料 酱油6克，料酒15克，白糖6克，味精2克，葱姜末8克，蒜片10克，醋2克，清汤、盐、淀粉、香油、色拉油各适量

做法

1. 羊肉、羊肝切薄片，洗净；羊腰片开，去腰臊，切薄片，洗净。三种原料一起加鸡蛋、料酒、淀粉调匀上浆。
2. 冬笋、青红椒均切薄片，焯水；清汤、酱油、料酒、白糖、味精、盐、淀粉调成芡汁；起油锅，放羊三样片及冬笋片滑透控油。
3. 锅留底油烧热，放葱姜末、蒜片煸香，下羊三样片、冬笋片和青红椒片翻炒后勾芡，旺火翻炒，烹醋，淋香油，出锅即成。

芫爆羊肉

原料 羊肉250克，香菜梗、红椒丝各适量

调料 辣椒粉、孜然、盐、味精、料酒、干红椒、色拉油各适量

做法

1. 羊肉洗净切片；香菜梗洗净切段。
2. 锅中加油烧热，放羊肉片煸炒至熟，加辣椒粉、孜然、盐、味精、料酒调味，放香菜梗，翻炒均匀，撒上红椒丝、干红椒即可。

羊里脊、羊肩肉和羊后臀肉比较嫩，更适合快速爆炒。

蜜枣羊肉

原料 羊腩600克，蜜枣200克，胡萝卜100克

调料 八角、生姜、盐、味精、海鲜酱、白糖、料酒、柱候酱、清汤、色拉油各适量

做法

1 羊腩洗净，切成块，焯水，洗净待用；胡萝卜洗净，去皮切块待用。

2 炒锅放油烧热，炒香八角、生姜，加入清汤、蜜枣、羊腩块，大火烧开，改小火，加其他调料调味，烧30分钟，加入胡萝卜块，焖10分钟，收汁装盘。

山菌焖羊肉

原料 羊肉300克，山菌200克

调料 料酒、姜、葱、八角、尖椒、盐、味精、胡椒粉、白糖、酱油、色拉油各适量

做法

1 羊肉切小块，放入沸水中，加入料酒煮透，捞出冲凉，待用；山菌焯水待用。

2 锅放油烧热，炒香姜、葱、八角、尖椒，放羊肉及适量水，烧开后改小火，加盐、味精、胡椒粉、白糖、酱油焖至烂透入味，撇去杂质，下山菌翻炒匀即成。

双椒羊里脊

原料 羊里脊肉200克，鸡蛋液15克，青红椒丁适量

调料 甜面酱10克，酱油15克，白糖100克，醋10克，盐3克，料酒10克，姜汁15克，水淀粉、清汤、色拉油各适量

做法
1. 羊里脊肉去筋，切片，加甜面酱、酱油、鸡蛋液、水淀粉，调匀上浆，将清汤、酱油、白糖、醋、盐、料酒、姜汁及水淀粉调匀成芡汁。
2. 炒锅放油烧热，入羊肉片滑透，控油，再放回炒锅中，并加青红椒丁翻炒，倒入芡汁翻炒，淋明油，出锅装盘即成。

香辣羊肉

原料 羊肉300克，小米椒100克，蒜薹50克

调料 蛋清1个，葱、姜末各5克，盐2克，酱油4克，味精3克，淀粉、色拉油各适量

做法
1. 羊肉切片，用蛋清、淀粉上浆；小米椒切圈，蒜薹切段。
2. 锅内加油烧热，下羊肉滑熟。
3. 锅留油烧热，下葱、姜末炝锅，放小米椒、蒜薹、羊肉炒香，加盐、酱油、味精炒熟即可。

韭菜炒羊肝

原料 韭菜150克，羊肝200克

调料 姜末、料酒、盐、酱油、味精、色拉油各适量

做法
1. 韭菜洗净，切小段。
2. 羊肝洗净，去筋膜，切片，放入沸水中焯去血水。
3. 炒锅加油烧热，放姜末炒出香味，放入羊肝略炒，烹入料酒，加韭菜，再加盐、酱油、味精，用大火炒熟即可。

孜然羊肉

原料 羊腿肉500克，香菜50克

调料 盐4克，孜然粉3克，辣椒面3克，味精2克，色拉油适量

做法
1 羊腿肉洗净切片，加少许盐码味；香菜洗净切段，垫入盘底。
2 羊肉片放入油锅炸至变色，捞出沥油。
3 锅内留底油，放入羊肉片，加孜然粉、辣椒面、味精快速翻炒入味即可。

Tips 羊肉不宜炸得太干，炸至变色、打卷即可。

葱爆羊肉

原料 羊里脊300克，葱段15克

调料 葱、姜、孜然粉、水淀粉、料酒、盐、味精、色拉油各适量

做法
1 羊里脊切片，用葱、姜腌渍，再用孜然粉、水淀粉上浆。
2 锅置火上，放入油烧至四成热，下羊肉滑油，待用。
3 锅内留底油，下葱段，加料酒、盐、味精调味，勾芡，倒入羊肉翻炒，即可装盘。

Tips 这道菜必须旺火急炒。事先将羊肉腌好，炒时一气呵成，羊肉口感更嫩。

原料 净鱼肉250克，酱生姜丝10克，酱黄瓜丝10克

调料 鸡蛋清、盐、鲜汤、料酒、味精、水淀粉、色拉油各适量

做法
1 鱼肉切成丝，加鸡蛋清、盐上浆。
2 锅置火上，放入油烧至四成热，将鱼丝放入滑油，盛出待用。
3 锅内留少许油，加鲜汤、料酒，用盐、味精调好味，烧沸后勾芡，倒入鱼肉丝、姜丝、酱黄瓜丝炒匀即可。

原料 青鱼1条，青红椒各适量

调料 葱、姜、料酒、盐、味精、面粉、淀粉、蛋液、色拉油、红油各适量

做法
1 青鱼宰杀洗净，整鱼出骨，批去皮，鱼肉切条，加葱、姜、料酒、盐、味精腌渍入味；青红椒切条；取适量葱姜切末；面粉、淀粉、蛋液调成蛋粉糊。
2 锅放油烧热，鱼条裹匀蛋粉糊后入锅炸至淡黄，入漏勺沥油；青红椒条滑油；锅留底油烧热，下葱姜末煸香后加鱼条、青红椒条炒匀，加盐、味精，淋红油即可。

原料 银鳕鱼肉100克，南瓜50克，黄瓜30克，胡萝卜20克，干辣椒适量

调料 盐2.5克，味精1克，淀粉、色拉油各适量

做法
1 将鱼肉切方丁，加盐、味精、淀粉上浆；南瓜、黄瓜分别切丁；胡萝卜切片。
2 锅中放油，烧至四成热后，将鱼丁入油锅滑熟；另起锅下南瓜丁、黄瓜丁、胡萝卜片和干辣椒略炒，加入鱼丁，调入盐、味精、水，用水淀粉勾芡拌匀即可。

白炒鱼片

原料 草鱼1条（约600克），黄瓜片15克，水发木耳15克

调料 盐、料酒、水淀粉、葱、姜、蒜、香醋、白糖、酱油、色拉油各适量

做法
1 草鱼洗净，取净鱼肉，斜刀批成片，加盐、料酒、水淀粉拌匀上浆。
2 炒锅放油烧热，投入鱼片滑油至熟，倒入漏勺沥去油。
3 锅内留底油，炒香葱、姜、蒜，下黄瓜片、木耳片，再放鱼片和盐、香醋、白糖、料酒、酱油炒匀，勾芡，淋明油即成。

滑炒鱼片

原料 净鱼肉250克，水发木耳10克，青椒片10克，红椒片5克

调料 盐、鸡蛋清、水淀粉、鲜汤、味精、色拉油各适量

做法
1 将鱼肉批成片，加盐、鸡蛋清、水淀粉上浆。
2 锅中放油烧至四成热，鱼片入锅滑油。
3 锅内留底油，放木耳片、青椒片、红椒片略炒，加少许鲜汤，用盐、味精调味，烧沸后勾芡，倒入鱼片炒匀即可。

湛香鱼片

原料 黑鱼肉250克，水发香菇30克，冬笋25克，红椒丝、姜丝各少许

调料 盐4克，蛋清1个，料酒15克，姜汁10克，葱10克，蒜片8克，白糖2克，味精2克，淀粉、清汤、水淀粉、醋、色拉油各适量

做法

1. 鱼肉切成长4厘米、宽3厘米的薄片，加入盐、蛋清、淀粉调匀上浆；香菇洗净，加清汤上笼蒸透；冬笋切菱形片，用开水焯一下。
2. 炒锅放油烧至二三成热，放鱼片滑透，控净油，再同香菇、冬笋片、红椒丝、姜丝一起回锅翻炒，加料酒、姜汁、葱、盐、蒜片、白糖、味精炒匀，勾芡，烹入醋，淋明油出锅装盘。

青椒炒鱼丝

原料 草鱼肉250克，青椒1个

调料 蛋清1个，色拉油800克，料酒6克，盐4克，味精2克，淀粉适量

做法

1. 鱼肉洗净，批成片，切丝，用蛋清、淀粉上浆；青椒切丝。
2. 油锅烧至四成热，倒入鱼丝，划散，至鱼肉变白，同时放进青椒丝烫熟捞出。
3. 锅内留底油，加料酒、适量清水烧沸后，加盐、味精，勾芡，淋油，倒入鱼丝和青椒丝，略翻炒即可。

苦瓜鱼丝

原料 黑鱼肉350克，苦瓜150克，红椒丝适量

调料 盐、味精、胡椒粉、水淀粉、姜、白糖、白醋、色拉油各适量

做法

1. 苦瓜洗净，去籽切丝，焯水；红椒丝焯水；黑鱼肉切丝，过温水，冲凉，加盐、味精、水淀粉、胡椒粉拌匀待用。
2. 锅放油烧热，将鱼丝过油待用。
3. 锅留底油，炒香姜，倒入鱼丝、苦瓜丝、红椒丝炒匀，加白糖、白醋调味，勾芡即成。

芙蓉鱼片

原料 白鱼蓉200克，红椒片、黄瓜片各15克，鸡蛋清4个

调料 姜汁水、料酒、盐、水淀粉、味精、熟猪油、白汤、熟鸡油各适量

做法

1. 白鱼蓉加姜汁水、料酒、盐、鸡蛋清搅打，再加水淀粉、味精、熟猪油搅拌成芙蓉鱼片蓉。
2. 炒锅加熟猪油，烧至三成热，将鱼蓉分次均匀地成片舀入油锅，当鱼片浮起，捞出沥油。
3. 锅留底油，放料酒、白汤、黄瓜片，加盐、味精调味后，勾薄芡，将鱼片滑入锅中，放红椒片，淋熟鸡油即可。

三色鱼丁

原料 净鱼肉250克，白果15克，红椒片50克，毛豆25克

调料 盐、鸡蛋清、水淀粉、鲜汤、料酒、味精、色拉油各适量

做法

1. 鱼肉切成丁，加盐、鸡蛋清、水淀粉上浆；毛豆用沸水焯熟。
2. 锅置火上，放油烧至四成热，鱼丁入锅滑油，盛出；白果、红椒片用油焐熟，待用。
3. 锅内留底油，加鲜汤、料酒，用盐、味精调味，烧沸后勾芡，倒入鱼丁、白果、红椒片、毛豆炒匀，即可装盘。

切丁时，要注意保持大小均匀，既使菜色漂亮，也让炒制时成熟度均匀。

家常鱼条

原料 鲜鱼肉250克，青、红柿椒各20克，香菇20克

调料 盐3克，葱6克，姜4克，蒜5克，料酒8克，味精3克，蛋清、干淀粉、清汤、胡椒粉、色拉油各适量

做法
1 鱼肉切条；青红柿椒、香菇均切条。
2 鱼条加盐、蛋清、干淀粉调匀上浆，油烧至二三成热时下鱼条划散，滑透后捞出控油。
3 炒锅里放油，放葱、姜、蒜煸香后，放入鱼条和青红柿椒、香菇，加料酒、盐、味精、清汤、胡椒粉急速翻炒，见汤汁变少后勾芡，再淋明油装盘即成。

鱼肉质细，宜顺着纹理切。

松仁鱼米

原料 鳜鱼肉250克，松仁20克，枸杞子3克，豌豆15克，香菇丁、胡萝卜丁各5克

调料 盐3克，蛋清1个，葱4克，姜汁6克，料酒8克，味精2克，淀粉、清汤各适量

做法
1 鱼肉切丁，洗净后加盐、蛋清、淀粉调匀上浆；炸好松仁；泡好枸杞子；豌豆、香菇、胡萝卜分别煮熟切丁。
2 炒锅放油烧热，放鱼米滑透，捞出控油。
3 炒锅留底油烧热，放葱、姜汁煸炒后，加鱼米、清汤、料酒、盐、味精和枸杞子、豌豆、香菇丁、胡萝卜丁一同翻炒，然后勾薄芡，撒上松仁，淋明油出锅装盘。

黄瓜木耳黑鱼片

原料 黑鱼1条（约600克），黄瓜片15克，水发木耳15克

调料 盐、料酒、水淀粉、葱花、姜末、香醋、色拉油各适量

做法

1 黑鱼宰杀治净，取鱼肉，斜刀片成厚0.2厘米的片，加盐、料酒、水淀粉拌匀上浆。

2 炒锅放油烧热，下鱼片滑油至熟，倒入漏勺沥油。

3 锅内留底油，炒香葱花、姜末，放黄瓜片、木耳片，再加鱼片和盐、料酒，炒匀后勾芡，淋明油，装入滴有香醋的盘中即可。

Tips 鱼片滑油时，要控制好油温，过高鱼片会老，过低鱼片会碎。

滑炒鱼皮

原料 鲜鱼皮250克，笋片15克，水发木耳10克，红椒片5克

调料 盐、水淀粉、鲜汤、味精、酱油、白糖、醋、胡椒粉、色拉油各适量

做法

1 将鱼皮切成片，加盐、水淀粉上浆；水发木耳泡发、洗净、撕片。

2 锅中放油烧至四成热，鱼皮入锅滑油。

3 锅内留底油，加笋片、水发木耳、红椒片略炒，加少许鲜汤，用盐、味精、酱油、白糖、醋调味，烧沸后勾芡，倒入鱼皮炒匀，撒上胡椒粉即可。

五彩鱼皮丝

原料 发好鱼皮300克，青椒、红椒各10克，香菇25克，胡萝卜15克

调料 猪油100克，盐2克，料酒5克，味精3克，葱丝10克，姜丝8克，水淀粉15克，清汤、葱姜油、胡椒粉各适量

做法

1 鱼皮切6厘米长的细丝，用水略泡；青椒、红椒、香菇、胡萝卜分别切成细丝。

2 锅中放猪油，烧热后放葱丝、姜丝煸香，放入鱼皮丝和另外4种蔬菜丝略炒，同时放入清汤、盐、料酒、味精、胡椒粉，以少量水淀粉勾芡，再淋入葱姜油，装盘即可。

五彩鳝丝

原料 鳝鱼丝200克，红、绿、黄椒各半个，冬笋50克

调料 葱段20克，蒜末5克，料酒6克，盐4克，糖3克，老抽3克，味精4克，色拉油适量

做法
1. 彩椒、冬笋、葱分别切丝。
2. 锅内加水烧开，下鳝鱼丝焯水。
3. 锅加油烧热，下葱、蒜爆香，放鳝鱼丝、彩椒、冬笋炒匀，烹入料酒，加盐、糖、老抽炒匀，放味精炒熟即可。

咱家鳝鱼

原料 鳝鱼3～5条（约400克），韭菜50克

调料 生抽、辣酱、姜末、蒜末、白醋、淀粉、朝天椒、野山椒、盐、十三香各适量

做法
1. 鳝鱼切丝，放少量生抽、辣酱、姜末、蒜末、白醋和淀粉上浆码味5分钟；韭菜、朝天椒切段；野山椒切碎。
2. 锅中入油烧至七成热，将鳝丝入油锅迅速翻炒，烹入白醋去腥，见鳝丝变色后依次加姜末、蒜末、辣酱、盐、生抽、十三香，炒匀后加水，盖上盖焖半分钟。
3. 放朝天椒段、野山椒末炒匀，再烹白醋，下韭菜段，迅速翻炒，起锅装盘即可。

陈皮鳝段

原料 鳝鱼3～5条（约500克），陈皮20克，红椒片30克

调料 盐、料酒、水淀粉、蒜片、酱油、糖、胡椒粉、色拉油各适量

做法
1. 鳝鱼宰杀治净，去骨取鱼肉，切段，加盐、料酒、水淀粉拌匀上浆。
2. 油锅烧热，下鳝鱼段滑油至熟，捞出沥油。
3. 锅留底油，用陈皮、蒜片炝锅，放入红椒片，再放鳝鱼段和盐、酱油、糖、料酒、胡椒粉，炒匀后用水淀粉勾芡，淋明油即可。

蒜子鳝鱼煲

原料 粗活鳝鱼4～6条（约600克），去皮蒜100克

调料 色拉油、葱段、姜片、料酒、盐、蚝油、酱油、白糖各适量

做法
1. 鳝鱼治净，入沸水中稍烫后洗净，切段。
2. 炒锅烧热，放油，爆香葱段、姜片、蒜，随后放入鳝段爆炒，并加入料酒、盐、蚝油、酱油、白糖烧开，盛入煲内。
3. 煲置火上，用小火煨至汤汁收干即可。

Tips 一定要用现杀的活鳝鱼，否则鱼肉腥而且缺乏弹性，口感极差。

香葱炒鳝段

原料 鳝鱼3～5条（约500克），香葱段50克，红椒丝15克

调料 盐、料酒、水淀粉、蒜片、酱油、白糖、胡椒粉、色拉油各适量

做法
1. 鳝鱼治净，去骨取鱼肉，切段，加盐、料酒、水淀粉拌匀上浆。
2. 炒锅烧热，放油，下鳝鱼段滑油至熟，倒入漏勺沥去油。
3. 炒锅留底油，将葱段、蒜片炒香，放红椒丝，加鳝鱼段和盐、酱油、白糖、料酒、胡椒粉，炒匀后用水淀粉勾芡，淋明油即成。

梁溪脆鳝

原料 活鳝鱼5～8条（约1000克）

调料 色拉油1500克，葱姜末各少许，盐4克，料酒8克，酱油、白糖各10克，香油5克，生姜丝25克

做法
1. 鳝鱼治净焯熟，去骨，取鳝肉。
2. 油锅烧至八成热，投入鳝肉炸脆。
3. 炒锅中留底油，加葱姜末、盐、料酒、酱油、白糖熬成汁，放入炸酥的鳝鱼翻炒，使汁渗入裹匀，再淋上香油起锅，装盘，放姜丝即成。

Tips 由于要去骨取鳝肉，选购时应选择粗大一些的鳝鱼。

葱香鳝鱼

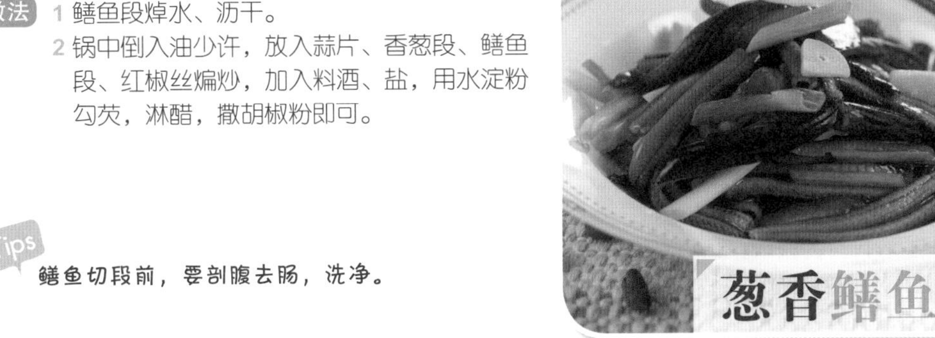

原料 净鳝鱼段300克，香葱段150克，红椒丝50克，蒜片25克

调料 料酒、盐、水淀粉、醋、胡椒粉、色拉油各适量

做法 1 鳝鱼段焯水、沥干。

2 锅中倒入油少许，放入蒜片、香葱段、鳝鱼段、红椒丝煸炒，加入料酒、盐，用水淀粉勾芡，淋醋，撒胡椒粉即可。

Tips 鳝鱼切段前，要剖腹去肠，洗净。

响油鳝糊

原料 鳝鱼丝300克

调料 葱丝、姜、料酒、清汤、盐、酱油、白糖、味精、水淀粉、胡椒粉、蒜丝、色拉油各适量

做法 1 鳝鱼丝切成段。

2 锅置火上，放入油烧热，下葱、姜煸香，放入鳝鱼丝煸炒，加料酒、清汤略烧一会儿，再加盐、酱油、白糖、味精调味，收稠汤汁，用水淀粉勾芡，撒胡椒粉，装盘，放葱丝、蒜丝，并淋上热油即可。

麻辣泥鳅

原料 泥鳅数条（约500克），干红辣椒15克，香菜适量

调料 姜丝10克，花椒20克，豆瓣酱10克，料酒10克，盐5克，白糖5克，味精3克，酱油5克，水淀粉10克，色拉油适量

做法 1 泥鳅放入盐水中养8小时，使其吐净污物。

2 锅置火上，加油烧至八成热，放入泥鳅炸至变色，捞出沥油。

3 锅内留底油烧热，下姜丝、花椒、干红辣椒、豆瓣酱炒出香味，烹入料酒，加适量水，倒入泥鳅焖10分钟，加盐、白糖、味精、酱油调味翻匀，勾芡装盘，撒上香菜即可。

香菇鳕鱼

原料 鳕鱼段400克，水发香菇100克

调料 料酒、五香粉、干红椒、鲜汤、盐、酱油、水淀粉、色拉油各适量

做法 1 鳕鱼切厚片，加料酒、五香粉、盐拌匀入味，放入盘中，入蒸笼中大火蒸熟。

2 炒锅放油烧热，放入干红椒、泡好的香菇略炒，加少量鲜汤、盐、酱油，烧沸后用水淀粉勾芡，淋在蒸好的鳕鱼上。

Tips

挑选香菇：花菇菌盖上的花纹要自然，有大有小，有深有浅，否则很可能是人工划的刀口。

生炒鲫鱼

原料 鲫鱼2条，熟笋片10克，青椒丝10克，葱片5克

调料 盐、鸡蛋清、水淀粉、鲜汤、味精、酱油、白糖、醋、色拉油各适量

做法 1 将鲫鱼宰杀后剔下肉，切成大片，加盐、鸡蛋清、水淀粉上浆。

2 锅置火上，放入油烧至四成热，将鱼片倒入锅中滑油，盛出待用。

3 锅留底油，放笋片、青椒丝、葱片略炒，加鲜汤，用盐、味精、酱油、白糖、醋调味，烧沸勾芡，下鱼片，炒匀即可。

糊辣藕丁鱼

原料 鲈鱼1条，藕200克

调料 干辣椒、花椒、白酒、料酒、盐、干淀粉、葱、姜、蒜、味精各适量

做法 1 凉锅凉油放入干辣椒，变色后放一半花椒微炒出香味，加兑水的白酒熬煮成糊辣油，熬煮期间每隔10分钟加入1勺白酒。

2 将鲈鱼切片，放入料酒腌制10分钟，并用清水洗净；藕切丁，炒熟。

3 将鱼片加盐、料酒、干淀粉腌制入味，放入糊辣油中煮制；待鱼片变色，加葱、姜、蒜、味精调味；临出锅前放入炒好的藕丁即可。

雪菜罗汉鱼

原料 罗汉鱼300克，洗净的雪里蕻末150克

调料 葱段、姜块、料酒、酱油、糖、色拉油各适量

做法 1 罗汉鱼用手挤去肠脏，洗净，沥干。

2 油锅烧热，放入葱段、姜块略炸，放入雪里蕻末煸香，再放入罗汉鱼煸炒，加料酒、酱油、糖、清水烧沸，大火收浓汤汁即可。

处理罗汉鱼时，内脏一定要挤干净，否则会影响整道菜的味道。

原料 银鱼250克，油炸花生米1小把

调料 干辣椒、花椒、料酒、盐、酱油、糖、醋、色拉油各适量

做法 1 银鱼洗净，入油锅中炸至金黄，捞出沥油。花生剁粗粒。

2 锅留底油，放入干辣椒、花椒炸香，倒入银鱼，加料酒、盐、酱油、糖、醋炒匀，加花生碎即可。

此菜用干银鱼风味更佳。

原料 银鱼干100克，油炸花生米40克

调料 干辣椒、白芝麻、香葱花、色拉油各适量

做法 1 银鱼干浸泡洗净，搌干水分。

2 锅加油烧热，改小火，放入干辣椒炝出香味，放入银鱼干慢慢煸至干香，放入花生拌匀，撒炒熟的白芝麻、香葱花即可。

此菜用干银鱼和鲜银鱼皆可，若用干银鱼，先用冷水泡10分钟。

原料 咸鱼150克，萝卜干适量

调料 姜、葱段、豆豉、干红椒、味精、红油、色拉油各适量

做法
1 咸鱼撕条，漂水3分钟；萝卜干焯水待用。
2 锅放油烧热，下姜、葱段、豆豉炒香，放入咸鱼翻炒，接着下萝卜干、干红椒、味精及少许红油，调味炒匀，出锅装盘即成。

咸鱼和萝卜干都有咸味，无须再放盐。

原料 芋头100克，草鱼250克

调料 葱丝、姜丝、咖喱、盐、味精各适量

做法
1 将芋头切成1厘米见方的长条，放入油锅炸熟备用。
2 锅中留底油，用葱丝、姜丝炝锅，放入咖喱炒香，加少许水烧开后放入芋头和切好的鱼条。
3 微火炖20分钟，出锅前加少许盐和味精调味即可。

Tips
1选用草鱼、鲤鱼均可。
2咖喱的量根据个人口味添加。

原料 银鱼100克，韭菜200克

调料 料酒、盐、色拉油各适量

做法
1 银鱼洗净，轻轻拔掉头部（内脏也跟着拔出来），放入料酒和盐腌几分钟；韭菜洗净，切段。
2 锅烧热，放少许油，放入银鱼炒至变色，盛出待用。
3 锅中留底油，放入韭菜段大火快速翻炒，倒入银鱼，加入盐炒匀，起锅装盘即可。

爆双脆

原料 鱿鱼须100克，鸭肫3个，芹菜梗适量

调料 蒜、料酒、酱油、味精、盐、水淀粉、色拉油各适量

做法
1 鱿鱼须焯水后切段；鸭肫去皮，切块，在一面剞十字花刀；芹菜梗切段。
2 锅置火上，放入油烧至五成热，放入鱿鱼须、鸭肫花爆熟。
3 锅内留底油，下蒜、芹菜梗段煸炒，加料酒、酱油、味精、盐调味，勾芡，倒入鱿鱼须及鸭肫花翻炒，即可装盘。

炒鲜鱿

原料 鲜鱿鱼300克，青椒片、红椒片各50克，辣椒段少许

调料 色拉油、酱油、盐、白糖、味精、香醋、淀粉、料酒、葱段、姜末、蒜末各适量

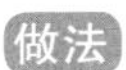做法
1 鲜鱿鱼剞花刀，入油锅滑油至卷曲，沥油。
2 将酱油、盐、白糖、味精、香醋、淀粉、料酒调成味汁待用。
3 炒锅内放适量油，投入葱段、姜末、蒜末爆香，入鱿鱼卷、青椒片、红椒片、辣椒段煸炒，烹入味汁，快速炒匀起锅装盘。

Tips 鱿鱼剞花刀时，要注意切的深度，要深而不断。

鱿鱼炒芥蓝

原料 水发鱿鱼150克，芥蓝200克，红椒50克

调料 姜丝、蒜片、盐、味精、料酒、色拉油各适量

做法
1 鱿鱼撕掉黑皮，面上打斜十字花刀再改小块，入沸水焯水，打卷后取出；红椒切片；芥蓝择去叶洗净，去皮切段，入沸水中焯水捞出。
2 炒锅加油烧热，下姜丝、蒜片煸锅，加芥蓝、鱿鱼、红椒，用盐、味精、料酒调味炒匀出锅。

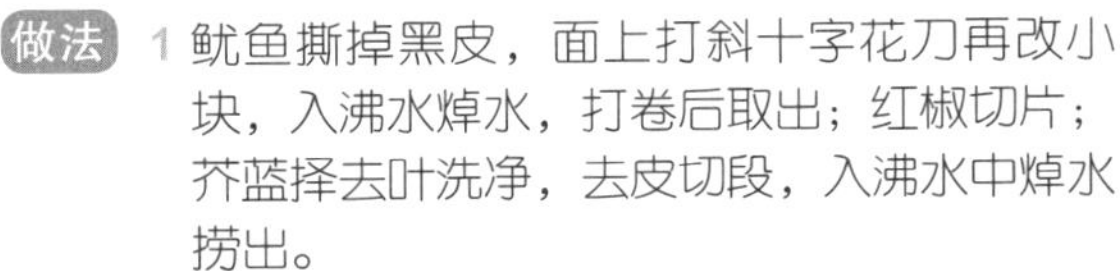

Tips

鱿鱼不宜长时间炒，否则会咬不动。

泡椒炒鱿鱼

原料 泡椒150克，鱿鱼400克

调料 料酒10克，小葱段20克，盐2克，糖3克，味精4克，红油10克，色拉油适量

做法
1 鱿鱼处理干净，打十字花刀。
2 锅加水烧开，放入料酒少许，下入鱿鱼焯至变色打卷捞出。
3 锅加油烧热，下葱段、泡椒炒香，放鱿鱼卷炒匀，加盐、糖、味精炒熟，淋红油即可。

Tips 泡椒在炒前用水泡一下，否则会太咸。

蒜薹炒鱿鱼

原料 蒜薹250克，鱿鱼100克

调料 蒜片、红椒、盐、味精、生抽、料酒、色拉油各适量

做法
1. 鱿鱼撕去表皮切丝， 入沸水焯一下捞出。
2. 蒜薹洗净切段；红椒去籽切丝；蒜去皮切片。
3. 炒锅加油烧热，下蒜片、红椒、蒜薹段略炒，倒入鱿鱼，加盐、味精、生抽、料酒翻炒均匀即可。

鱿鱼寒凉，脾胃虚寒者应少吃。

油爆鱿鱼

原料 鲜鱿鱼1条

调料 葱、姜、料酒、盐、味精、清汤、水淀粉、色拉油各适量

做法
1. 鱿鱼撕去外膜，洗净，改刀成均匀的长方形片后剞上麦穗花刀，加盐、味精、葱、姜、料酒腌渍入味；取适量葱姜切成葱姜丝。
2. 锅中入油烧至四成热，下入鱿鱼滑油，倒入漏勺沥油。
3. 锅留底油烧热，下葱姜丝煸香后加清汤、盐、味精烧开，以水淀粉勾芡，加鱿鱼卷炒匀，淋明油即可。

第3步时，锅中底油要旺火烧热，炒鱿鱼时要大火快炒。

爆鱿鱼卷

原料 水发鱿鱼2条，葱片10克

调料 鲜汤、盐、味精、料酒、酱油、白糖、醋、水淀粉、胡椒粉、色拉油各适量

做法
1. 鱿鱼剞花刀，切块，入沸水汆烫成卷。
2. 锅中放油烧至五成热，将鱿鱼卷滑油后盛出。
3. 锅内留底油，放葱片略煸，加鲜汤，放盐、味精、料酒、酱油、白糖、醋烧沸后，勾芡，下鱿鱼卷，炒匀，撒胡椒粉即可。

麻花腰花鱿鱼

原料 鱿鱼100克，猪腰80克，小麻花40克，红椒20克

调料 盐2克，淀粉2克，高汤少许，味精1克，水淀粉、色拉油各适量

做法
1. 将鱿鱼洗净，剞上花刀；猪腰去腰臊，剞上花刀；红椒切菱形片。
2. 分别将鱿鱼、腰花加盐、淀粉上浆。
3. 锅中加油烧热，下鱿鱼、腰花滑油；另起锅放红椒、鱿鱼、腰花、高汤，调入盐、味精，勾薄芡，再放小麻花炒匀即可。

西蓝花炒鱿鱼

原料 西蓝花150克，鱿鱼100克

调料 姜片、料酒、生抽、盐、味精、水淀粉、香油、花生油各适量

做法
1. 西蓝花切小块；鱿鱼洗净，在背面打上花刀切块。
2. 炒锅加花生油烧热，下姜片、鱿鱼炒至鱿鱼打卷，烹入料酒，加生抽、西蓝花块炒熟。
3. 用盐、味精调味，勾薄芡，淋香油即可。

干煸鱿鱼丝

原料 鲜鱿鱼2条，西芹1棵，小米辣椒1个

调料 干辣椒、花椒、葱段、姜片、蒜片、豆豉、料酒、盐、酱油、色拉油各适量

做法

1 鱿鱼捏住头部，拉出内脏，撕去皮膜，去除眼睛，洗净，切丝。

2 西芹洗净，切成和鱿鱼丝同等粗细的丝。

3 锅加油烧热，放入干辣椒、花椒爆香，加入葱段、姜片、蒜片煸炒，加入豆豉、小米辣椒炒香，放入鱿鱼丝翻炒，放入芹菜丝，加料酒、盐、酱油迅速炒匀出锅。

韭菜炒鱿鱼

原料 韭菜250克，鱿鱼200克，红椒丝20克

调料 葱段10克，料酒10克，盐2克，胡椒粉3克，味精4克，色拉油适量

做法

1 韭菜择洗净，切段；鱿鱼切丝。

2 锅内加水烧开，下鱿鱼丝焯水。

3 锅加油烧热，下葱段炒香，烹入料酒，放韭菜、鱿鱼丝、红椒丝炒匀，放盐、胡椒粉炒熟，加味精提味即可。

Tips

购买韭菜时，应挑选叶直、色泽绿、末端黄叶较少的。

青蒜炒墨鱼仔

原料 墨鱼仔300克，青蒜4棵

调料 葱、姜、蒜、海鲜酱、泡椒、料酒、酱油、盐、白糖、味精、水淀粉、胡椒粉、色拉油各适量

做法

1. 墨鱼仔洗净后切片；青蒜切段。
2. 锅置火上，放油烧热，下墨鱼片滑熟，捞出。
3. 锅内留底油，下葱、姜、蒜煸香，加海鲜酱、泡椒、青蒜段炒香，加料酒、酱油、盐、白糖、味精调味，勾芡，倒入墨鱼片翻锅，装盘，撒上胡椒粉即可。

Tips

清理墨鱼仔：捏住囊部用力挤压，将中间小黑点挤出，再剪开眼睛，将墨汁挤出，然后冲洗干净。

剁椒墨鱼仔

原料 墨鱼仔300克，青椒1个，木耳、泡椒末各50克

调料 姜片、盐、味精、料酒、蚝油、色拉油各适量

做法

1. 墨鱼去掉内脏、墨囊，小心不要弄破墨囊，皮膜撕去，洗净，入沸水中略焯，捞出。木耳入沸水中焯熟。
2. 锅加油烧热，放入姜片爆香，加入木耳、青椒片、泡椒末翻炒，加墨鱼仔，放入盐、味精、料酒、蚝油炒1分钟即可。

墨鱼仔炒的时间1分钟即可，过久则失去筋道的口感。

韭菜炒墨斗

原料 鲜墨鱼仔300克，韭菜150克

调料 料酒、盐、味精、水淀粉、香醋、色拉油各适量

做法

1. 鲜墨鱼仔清洗干净，入沸水锅中焯水后控干水分；韭菜洗净切段。
2. 炒锅内放适量油，投入韭菜段爆香，下小墨鱼，加入料酒、盐、味精，快速翻锅炒匀，用水淀粉勾芡，淋入香醋，起锅装入盘中。

墨鱼不宜久炒，炒至墨鱼卷曲即可，否则口感会变老。

碧绿花枝片

原料 墨鱼肉（花枝片）150克，胡萝卜50克，西芹50克，葱50克

调料 盐3克，味精1克，淀粉5克，水淀粉、色拉油各适量

做法

1. 墨鱼肉批成薄片，加盐、味精、淀粉上浆；西芹切菱形片；胡萝卜切片；葱切段。
2. 锅上火，倒入油烧至四成热，放入墨鱼肉滑油；另起锅，煸炒西芹片、胡萝卜片和葱段，调入盐、味精，勾薄芡，放墨鱼肉调拌均匀即可。

原料 虾仁400克，嫩黄瓜100克

调料 盐、淀粉、清汤、料酒、味精、色拉油各适量

做法 1 将虾仁用清水淘洗干净，沥干，加少许盐、淀粉上浆；将黄瓜洗净，切斜片。

2 把盐、淀粉、清汤、料酒、味精、放在碗内，调成味汁待用。

3 炒锅上火，放油，用旺火烧至五成热，倒入虾仁、黄瓜片，待虾仁变色后，迅速倒入漏勺沥去油；净锅置火上，倒入虾仁、黄瓜片，烹入味汁，颠翻均匀出锅即可。

黄瓜炒虾仁

原料 大虾1只

调料 盐、料酒、绿豆淀粉、花椒、干辣椒、姜丝、蒜末、葱末、白糖、蒜蓉辣酱各适量

做法 1 大虾去掉虾线，洗干净后在虾腹部切两刀但不要切断，使虾背变直。

2 加盐、料酒腌制10分钟，再加入绿豆淀粉裹匀。

3 锅中入油烧至八成热，放入虾，炸至金黄色，捞出沥油。

4 锅中留底油，下入花椒小火焙干，再放入干辣椒煸香，下入姜丝，补少许油。

5 放入蒜末、葱末，煸香后放入炸好的大虾，迅速翻炒。

6 加适量白糖、少许蒜蓉辣酱翻炒均匀即可出锅。

椒香麻酥虾

翡翠虾仁

原料 虾仁、菠菜各适量

调料 盐、淀粉、蛋清、味精、高汤、色拉油各适量

做法
1 虾仁洗净，吸干水分，待用；菠菜洗净，去除根部，放入榨汁机中打成汁，用纱布过滤。
2 锅中入少许水，倒入菠菜汁，快要烧沸时将锅离火，用手勺将表面的一层菜沫撇出。
3 虾仁中加入菠菜汁、盐、淀粉、蛋清上浆。
4 锅中入油烧至四成热，放入虾仁滑熟，捞出控油。
5 锅内留底油，加盐、味精、高汤烧开，以水淀粉勾芡，下入滑好油的虾仁炒匀即可。

蚕豆炒虾仁

原料 嫩蚕豆瓣200克，虾仁400克

调料 葱、姜、盐、味精、胡椒粉、料酒、水淀粉、高汤、色拉油各适量

做法
1 虾仁洗净，用葱、姜、盐、味精、胡椒粉、料酒拌匀腌一下，挑出葱、姜，加水淀粉上浆。
2 蚕豆瓣入开水中焯水；味精、盐、水淀粉、料酒和高汤对成味汁。
3 炒锅加油烧热，放虾仁，蚕豆瓣炒匀，倒入味汁炒匀即可。

鸡蛋炒虾仁

原料 鸡蛋3个，虾仁150克

调料 葱花、淀粉、色拉油、盐、味精各适量

做法
1 将鸡蛋磕入碗中，加入葱花，用竹筷打散；虾仁清洗干净后控干，用淀粉上浆。
2 炒锅内放适量油，待油温至五成热，放入虾仁滑油至熟，倒入漏勺沥去油。
3 炒锅内放适量油，待油温八成热时，倒入鸡蛋液，翻炒成块后倒入虾仁，加入盐、味精，炒匀后起锅装入盘中。

洗好的虾仁一定要控干，否则滑油时会爆油。

豌豆炒虾仁

原料 豌豆250克，虾仁200克

调料 姜丝、料酒、盐、味精各适量

做法
1. 虾仁用姜丝、料酒腌渍一下，取出切丁。
2. 豌豆洗净，入沸水中焯水捞出。
3. 炒锅加油烧热，放入虾仁炒至变色，加入豌豆翻炒1分钟，加入盐、味精调味再翻炒1分钟即可。

Tips

虾具有补益功能，可作为滋补食品。

番茄炒虾仁

原料 虾仁150克，番茄200克，蚕豆50克

调料 盐、蛋清、淀粉、姜、葱、味精、白糖、水淀粉、色拉油各适量

做法
1. 虾仁洗净，用纱布吸干水分，加盐、蛋清、淀粉拌匀；蚕豆煮熟；番茄切块，略焯水。
2. 锅放油烧至三成热，下虾仁炒散至断生，盛出。
3. 锅放油烧热，炒香姜、葱，加盐、味精、白糖调味，用水淀粉勾芡，倒入蚕豆、番茄块、虾仁，翻炒即可。

宫爆大虾

原料 大虾300克，油炸花生50克，鸡蛋清1个

调料 盐、料酒、葱花、姜丝、淀粉、酱油、醋、糖、高汤、干辣椒、花椒、葱段、姜片、蒜瓣、色拉油各适量

做法
1. 大虾去头、壳、虾线，取虾仁，加盐、料酒、葱花、姜丝腌渍10分钟。鸡蛋清加淀粉调匀，均匀裹在虾仁上。
2. 酱油、醋、盐、糖、料酒、少许高汤搅拌均匀成调味汁。
3. 锅加底油，烧至六成热，放干辣椒、花椒炸出香味，捞出。下入虾仁、葱段、姜片、蒜瓣炒匀，加入干辣椒、花椒，倒入调味汁略烧，放入油炸花生即可出锅。

碧绿虾仁

原料 虾仁300克，西蓝花200克

调料 盐、淀粉、清汤、料酒、味精、色拉油各适量

做法 1 虾仁用清水洗净，沥干，加盐、淀粉上浆；西蓝花切小块，入沸水锅焯水沥干。

2 清汤、料酒、盐、味精、淀粉对成味汁。

3 油锅烧至五成热，下虾仁、西蓝花块，待虾仁变色后，捞出沥油。净锅置火上，倒入虾仁、西蓝花块，烹入味汁，翻炒均匀即可。

龙井虾仁

原料 鲜活大河虾100克，龙井新茶1克

调料 盐3克，鸡蛋清1个，水淀粉40克，味精3克，葱2克，料酒15克，色拉油适量

做法 1 虾取虾仁搅洗至虾仁洁白，加盐、鸡蛋清搅拌，入水淀粉、味精拌匀，静置1小时。

2 锅中加油烧至120℃，下虾仁，迅速划散，虾仁呈玉白色时捞出沥油。

3 龙井新茶用沸水沏泡1分钟后，滗去茶汁，留茶叶和少许余汁；锅留底油烧热，下葱煸香，放虾仁、料酒、茶叶及余汁炒匀，装盘。

鸡蛋炒虾仁

原料 大虾仁150克，鸡蛋2个，青蒜50克

调料 盐3克，淀粉2克，味精1克，水淀粉、色拉油各适量

做法

1. 将虾仁洗净，加入盐、淀粉调拌均匀；鸡蛋打散，加入盐调味；青蒜洗净，切成雀舌段。
2. 锅上火，加入少量油，将鸡蛋炒熟，盛出。
3. 另起锅放入少量油，煸炒青蒜段，放入虾仁炒熟，再加入炒好的鸡蛋，调入盐、味精，淋入水淀粉勾芡即可。

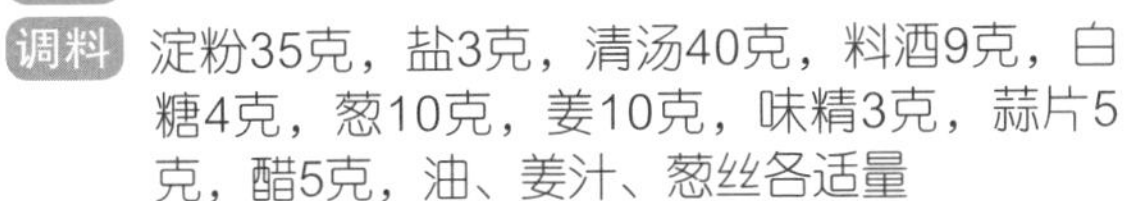

炒青虾仁

原料 青虾仁200克，鸡蛋2个（取蛋清）

调料 盐、味精、料酒、水淀粉、色拉油、清汤各适量

做法

1. 虾仁洗净，用盐、味精、料酒、蛋清、淀粉上浆。
2. 锅中放色拉油，烧至三成热时，放入虾仁炒熟。
3. 另起锅放入清汤、盐、味精、虾仁，烧沸后用水淀粉勾芡即可。

炸烹虾段

原料 大虾400克

调料 淀粉35克，盐3克，清汤40克，料酒9克，白糖4克，葱10克，姜10克，味精3克，蒜片5克，醋5克，油、姜汁、葱丝各适量

做法

1. 大虾治净，斜刀切三段，加淀粉和盐搅匀。
2. 清汤加盐、姜汁、料酒、白糖、葱丝、蒜片、味精调成味汁。
3. 炒锅放油烧热，下虾段炸至酥透，倒入漏勺；锅留底油烧热，放葱、姜煸香，放入虾段翻炒两下，立即倒入味汁，急速翻炒，淋醋，出锅装盘即成。

葱炒虾仁

原料 鲜河虾300克，葱段100克

调料 盐、葱、姜、料酒、色拉油各适量

做法

1. 葱、姜加适量料酒浸泡几分钟。
2. 锅中倒入油少许，放入河虾、葱段煸炒出香味，再加入盐、葱姜酒汁炒至入味，出锅装盘即可。

虾皮圆白菜

原料 圆白菜300克，虾皮30克

调料 蒜末、盐、辣椒油、味精、香油各适量

做法
1. 圆白菜洗净切块；虾皮用温水浸泡。
2. 锅置火上，加入适量清水烧沸，放入圆白菜焯水，倒入漏勺沥去水分，放入盘中，放上虾皮。
3. 将蒜末、盐、辣椒油、味精、香油调成味汁，与虾皮、圆白菜拌匀即可。

虾皮青椒鸡蛋

原料 鸡蛋4个，青椒片150克，虾皮30克，红椒片、番茄块各50克

调料 盐、味精、鸡汤、酱油、淀粉、色拉油各适量

做法
1. 鸡蛋打散，加入虾皮、盐、味精调匀成蛋液；将鸡汤、酱油、淀粉调匀成味汁。
2. 炒锅放油烧热，放入蛋液炒熟，装盘备用；炒锅再置火上，放油，下青椒片、红椒片、番茄块炒熟，再倒入炒好的鸡蛋，烹入味汁，翻炒均匀即成。

清炒河虾仁

原料 鲜河虾仁200克，生菜适量

调料 盐、鸡蛋清、淀粉、葱段、料酒、味精、水淀粉、色拉油各适量

做法
1. 虾仁用清水反复漂洗干净，捞出沥干，用盐、鸡蛋清、淀粉搅拌上劲。
2. 油锅烧至四成热，下虾仁滑开，至全部变色时，倒入漏勺沥去油。
3. 锅留底油，下葱段略煸，加料酒、盐、味精，烧沸后用水淀粉勾芡，倒入虾仁炒匀，淋明油，盛在铺了生菜的盘中即可。

虾仁扒芥蓝

原料 虾仁50克，芥蓝250克

调料 料酒、盐、味精、高汤、水淀粉、色拉油各适量

做法
1. 虾仁洗净，加料酒、盐、味精腌制5分钟。
2. 芥蓝去老叶、皮，洗净，在沸水中加盐焯水，捞出整齐摆入盘中。
3. 炒锅加高汤烧沸，用味精、盐调味，放入虾仁翻炒，用水淀粉勾芡收汁，浇在芥蓝上即可。

凤尾虾仁

原料 腌凤尾虾仁300克，熟山药丁200克，青椒丁、葱白粒各50克

调料 料酒、盐、味精、水淀粉、色拉油各适量

做法 锅中倒入油少许，待油烧热，放入葱白粒、凤尾虾仁、青椒丁、山药丁炒匀，加入料酒、盐、味精，用水淀粉勾芡即可。

因凤尾虾仁是腌过的，所以应少放盐。

虾仁炒芹菜

原料 虾仁200克，芹菜250克

调料 盐、料酒、蛋清、淀粉、姜片、味精、色拉油各适量

做法

1. 虾仁洗净沥干水分，加盐、料酒、蛋清、淀粉上浆，过油。
2. 芹菜切斜刀片，入开水中焯水。
3. 炒锅加油烧热，放姜片、芹菜片、虾仁炒匀，加盐、味精调味，勾薄芡起锅。

钳子米炒芹菜

原料 钳子米30克，芹菜400克

调料 葱姜末8克，料酒4克，姜汁8克，盐2克，味精2克，色拉油30克

做法

1. 将芹菜洗净，去筋，切成3厘米长的段，焯水备用；钳子米用热水泡透。
2. 炒锅里放入油烧热，放入葱姜末和钳子米略煸一下，随后放入料酒、姜汁、盐和芹菜，用旺火急速翻炒，最后放入味精，见芹菜已熟，出锅装盘即成。

香辣大虾

原料 大海虾150克，芹菜50克，葱段5克，姜片5克，辣椒适量

调料 香辣汁30克，色拉油适量

做法

1. 将大海虾背部开一刀，取出肠线，用水洗净；芹菜洗净切段。
2. 锅中放油，烧至五成热后，投入大虾，炸至金黄色，盛出；另起锅放入葱段、姜片、芹菜段、辣椒、大虾及香辣汁，略炒即可。

Tips

通常可以使用辣椒酱、干椒、红油及红汤熬制香辣汁，取其汁做菜。

十八辣北极虾

原料 北极虾500克，熟白芝麻、果仁各适量

调料 干淀粉、蒜末、蒜片、干辣椒、野山椒、泰式辣椒、青红杭椒、酱油、盐、白糖、味精各适量

做法
1 在北极虾中放入干淀粉，裹匀虾身；锅中放油，将蒜末炒至金黄。
2 另起油锅，待油温八成热时，放入北极虾炸至金黄捞出。
3 锅中入底油烧热，下入蒜片、干辣椒段、野山椒、泰式辣椒、青红杭椒炒出辣味后，倒入炸好的北极虾、蒜末，加2勺酱油、盐、1勺白糖调味。最后放入炒好的白芝麻、果仁，调入味精即可。

尽量用干淀粉包裹住虾身，以锁住水分。

川味海白虾

原料 海白虾400克

调料 干淀粉、干辣椒、花椒、葱丝、姜丝、盐、味精各适量

做法
1 海白虾焯水，捞出控干水分，在虾的表面均匀裹上一层干淀粉。
2 油锅烧至四五成热，下入海白虾炸至表皮酥脆后捞出备用。
3 锅中留底油，下入干辣椒和花椒炒出香味，依次下入葱丝、姜丝和虾，最后用盐和味精调味，翻炒均匀后就可以出锅。

1炸虾的油温控制在四五成热。
2虾的表面一定要裹匀干淀粉，否则炸制时易溅油。

油爆虾

原料 大河虾500克，葱花10克

调料 盐、料酒、葱姜汁、色拉油各适量

做法

1. 大河虾用盐、料酒、葱姜汁腌渍片刻。
2. 锅中倒入油适量，放入大河虾炸至壳脆肉鲜。
3. 另起锅，加盐、料酒、葱姜汁、水烧匀，放入大河虾炒匀，撒上葱花即可。

Tips

处理河虾时也可将虾须脚剪去；河虾要腌渍入味；炸河虾时，油温要略高(约180℃)，油量要大。

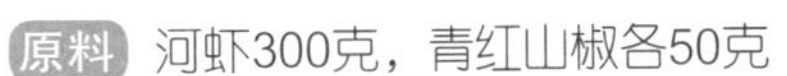

红椒炒河虾

原料 河虾300克，青红山椒各50克

调料 生姜、香辣酱、盐、味精、料酒、白糖、清汤、色拉油各适量

做法

1. 河虾洗净；青红山椒均切丁待用。
2. 河虾用七成热的油炸至红色，捞出控油。
3. 锅留底油，放入生姜、香辣酱炒香，下山椒丁、河虾煸炒均匀，加清汤、盐、味精、料酒、白糖焖3分钟即可。

菠萝炒虾球

原料 虾500克，菠萝150克，青豌豆30克

调料 水淀粉15克，姜末5克，番茄酱30克，盐3克，糖10克，味精1克，香油、色拉油各适量

做法
1 鲜虾去头壳、虾线，从虾背部用刀沿中线片透，并保持头尾相连，加入水淀粉腌10分钟；菠萝切成块；青豌豆焯烫一下。
2 油烧至七成热，下入虾炸至定型，捞出。
3 锅留油少许，放入姜末爆香，放虾球、菠萝、青豌豆炒匀，加番茄酱、盐、糖、味精炒熟，淋香油出锅即可。

丝瓜虾仁炒番茄

原料 丝瓜200克，番茄100克，虾仁100克

调料 蛋清15克，淀粉20克，葱段10克，盐2克，胡椒粉2克，味精4克，色拉油适量

做法
1 丝瓜去皮、籽切块；虾仁去虾线，加蛋清、淀粉上浆；番茄用开水烫一下，撕皮切块。
2 锅内加油烧五六成热，下虾仁滑油，倒出沥油。
3 锅留油烧热，下葱爆香，放丝瓜、番茄、盐、胡椒粉炒匀，加虾仁、味精炒熟即可。

秘制爆双鲜

原料 鲜鱿鱼花、鲜虾仁各150克，胡萝卜丁、西芹丁、鲜玉米粒各50克

调料 蛋清、盐、淀粉、葱段、姜块、料酒、味精、色拉油各适量

做法
1 虾仁沥干，用蛋清、盐、淀粉上浆。
2 油锅烧热，放入鱿鱼花、虾仁滑油至鱿鱼卷曲、虾仁变色，倒入漏勺沥去油。
3 锅留底油，下葱段、姜块略炸后，加胡萝卜丁、西芹丁煸炒，放鱿鱼卷、虾仁、玉米粒、料酒、盐、味精，勾芡，炒匀，拣去葱段、姜块即可。

牛油芝士虾

原料 大海虾150克，牛油30克，姜片5克，葱段5克，芝士粉10克，胡萝卜片、红椒片各适量

调料 盐3克，味精1克，高汤、淀粉、水淀粉、色拉油各适量

做法
1 将大海虾取出肠线，洗净，拍淀粉备用。
2 锅放油烧至五成热，投入大虾，炸至金黄色；另起锅放入牛油、姜片、葱段、胡萝卜片、红椒片炒香，下大虾及高汤，调入盐、味精，勾薄芡，最后撒芝士粉即可。

牛肝菌大玉

原料 虾仁200克，牛肝菌、菜心各50克

调料 鸡汤、盐、蛋清、料酒、淀粉、色拉油各适量

做法 1 牛肝菌用水涨发，洗净泥沙，加少许鸡汤、盐烧熟，装盘。

2 虾仁用蛋清、料酒、淀粉上浆，入油锅加盐滑炒熟，盖在牛肝菌上，配以焯过水的菜心即可。

芥蓝玉子虾球

原料 嫩芥蓝50克，玉子豆腐1块，大虾100克

调料 蛋清、淀粉、高汤、葱段、姜块、料酒、盐、味精、色拉油各适量

做法 1 芥蓝切滚刀块，入沸水锅焯水、沥干；豆腐切块，入热油锅中炸成金黄色。

2 大虾去壳及肠线，剞花刀，用蛋清、淀粉上浆，入油锅滑油至熟。

3 锅置火上，倒入高汤，放芥蓝块、豆腐块、虾肉，加入葱段、姜块、料酒、盐、味精烧沸，勾芡，淋上少许烧热的色拉油即可。

鲜虾芦笋

原料 虾仁150克，芦笋200克，彩椒50克

调料 鸡蛋1个，淀粉5克，葱段10克，盐2克，胡椒粉3克，味精4克，色拉油适量

做法 1 虾仁用蛋清、淀粉上浆；芦笋削去老皮，切斜段；彩椒切块。

2 锅内加油烧热，下虾仁滑熟；芦笋放入开水焯一下，捞出冲凉。

3 锅留油烧热，下葱段炒香，放虾仁、芦笋、彩椒、盐、胡椒粉炒匀，加味精炒熟即可。

芙蓉炒海虾

原料 大明虾仁50克，鸡蛋清3个，香菜少许

调料 盐2克，味精1克，色拉油、淀粉、水淀粉各适量

做法 1 将虾仁加盐、淀粉上浆；鸡蛋清中加入盐、味精、水淀粉调匀。

2 锅中放油，烧至四成热后，投入虾仁滑熟；另起锅放少量油，倒入鸡蛋清慢慢炒至快凝固时，加入虾仁炒匀，点缀香菜即可。

Tips

炒蛋清时一定要用小火慢炒，这样炒出的蛋清才会光滑无孔。

老妈大虾炒年糕

原料 大河虾、熟年糕片各100克

调料 葱段、姜块、料酒、盐、味精、色拉油各适量

做法
1 大虾剪去须，在脊背剖开，去除肠线洗净。
2 油锅烧热，放入葱段、姜块略炸，再加入河虾、熟年糕片煸香，最后放料酒、盐、味精调味，炒匀即可出锅装盘。

Tips
若购买的是生年糕片，应先切片蒸熟。

菱塘盐水虾

原料 湖虾200克

调料 葱段、姜块、八角、料酒、酱油、糖、盐、味精、色拉油各适量

做法
1 湖虾去肠线，洗净。
2 锅中放油烧热，放入湖虾，加入葱段、姜块、八角、料酒、酱油、糖煮熟，加盐、味精调味，淋上少许烧热的色拉油即可。

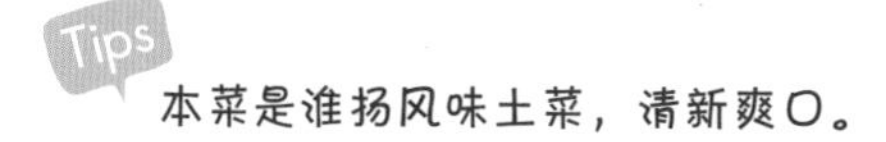

Tips
本菜是淮扬风味土菜，清新爽口。

熘虾仁

原料 虾仁300克，西芹、红椒各50克

调料 盐2克，葱10克，糖3克，胡椒粉2克，味精3克，色拉油适量

做法
1 将虾仁用牙签挑去虾线，加盐稍腌；西芹、红椒分别切片。
2 锅内加油烧五六成热，把虾仁滑熟，捞出沥油。
3 锅留油烧热，下葱炒香，放虾仁、西芹、红椒用大火炒匀，加盐、糖、胡椒粉、味精快速翻炒熟即可。

Tips
滑油时间不宜长，虾仁刚熟即可。

原料 草菇200克，芦笋50克，虾50克

调料 鸡蛋1个，淀粉5克，葱、姜片各5克，盐2克，胡椒粉2克，味精4克，色拉油适量

做法 1 草菇切片；虾去皮、头、虾线，用蛋清、淀粉上浆；芦笋去皮切斜刀段。

2 锅内加油烧至六成热，下虾仁滑油。

3 锅加油烧热，下葱、姜炒香，放草菇、芦笋炒匀，加盐、胡椒粉炒匀，放入虾仁、味精炒熟即可。

Tips

虾仁焯水后要马上用，最好用冷水浸泡，以保持质地滑嫩。

原料 大河虾250克，青蒜段150克

调料 盐、料酒、色拉油各适量

做法 1 将大河虾剪去头须，洗净。

2 锅置火上，放入油烧热，放入大河虾炒至变红，加盐、料酒、青蒜段略炒即可出锅装盘。

Tips

河虾炒制时间不宜过长，炒至变红就应及时盛出。

原料 大河虾400克，夏果200克，鲜蚕豆瓣50克

调料 盐、蛋清、淀粉、葱结、姜片、料酒、味精、水淀粉、色拉油各适量

做法 1 大河虾去壳留尾，擦干，用盐、蛋清、淀粉上浆；蚕豆瓣入沸水中焯烫后捞出。

2 油锅烧热，下虾滑油至变色，倒入漏勺沥油；炒锅留底油，放葱结、姜片炸香后捞出，再放入蚕豆瓣煸炒，加料酒、盐、味精，勾芡，倒入凤尾虾、夏果炒匀即可。

香蒜咖喱炒蟹

原料 花蟹400克，红椒50克

调料 香葱段10克，蒜片20克，咖喱酱80克，盐5克，味精10克，淀粉、椰浆、色拉油各适量

做法
1. 花蟹去鳃、肺，洗净斩件，拍少许淀粉；红椒洗净，去蒂切段。
2. 锅内加油烧热，放入蟹炸至变色捞出。
3. 锅留底油烧热，放香葱段、蒜片、红椒和咖喱酱炒香，再放入蟹、盐、味精、椰浆调味。

香辣蟹

原料 河蟹500克

调料 花椒、豆瓣酱、干辣椒、葱段、姜片、料酒、醋、糖、盐、味精、色拉油各适量

做法
1. 将河蟹去腮、胃、肠，洗净剁成块；豆瓣酱剁细。
2. 油锅烧至四成热时，放入花椒、豆瓣酱、干辣椒炒出麻辣香味，加入葱段、姜片、蟹块，倒入料酒、醋、糖、盐、味精翻炒均匀即可。

原料 熟蟹黄、鸡蛋清各适量

调料 味精、料酒、姜汁、盐、高汤、水淀粉、色拉油、熟猪油各适量

做法
1. 将大块熟蟹黄改刀后加味精、料酒、姜汁拌匀，上笼蒸至入味。
2. 鸡蛋清加盐、味精、高汤、水淀粉、料酒搅匀，再加蒸好的蟹黄搅匀备用。
3. 锅中加色拉油、熟猪油烧热，倒入蛋清、蟹黄，用锅铲轻轻推动，待芙蓉片成形后再略炒，捞出盛盘即可。

芙蓉炒蟹

原料 海蟹800克，面粉250克，鸡蛋1个，毛豆50克

调料 盐、葱丝、姜丝、酱油、白糖、料酒各适量

做法
1. 将螃蟹用刷子刷净，去爪尖，打开蟹脐挤出黑色排泄物，剪下大钳，从中间斩开。
2. 将面粉、鸡蛋、盐2克放入盆内，用凉水调成糊状备用。
3. 锅加油烧热，将每块蟹的切面挂上面糊，依次放入锅内。待煎至微黄色时，放入蟹钳，翻炒成红色。
4. 加入葱丝、姜丝，微炒出香味后加入酱油、白糖翻炒片刻，加热水淹没蟹块，放入毛豆，加盖用中火炖约10分钟，加料酒，再继续焖片刻。
5. 将剩余的面糊加水调成稀糊，全部倒入锅内，不停翻炒，直至蟹块全部挂糊即可。

面拖蟹

蒜爆花蟹

原料 花蟹2只，蒜3瓣

调料 海鲜酱、鲜汤、料酒、盐、味精、淀粉、色拉油各适量

做法 1 将花蟹硬壳掰开，去除蟹鳃、胃、肠，切成大块，撒上一层干淀粉；蒜切片。

2 锅置火上，放入油烧至五成热，将花蟹块倒入锅中爆熟，待用。

3 锅内留底油，加蒜片、海鲜酱略煸，加鲜汤、料酒烧透后用盐、味精调味，勾芡，倒入花蟹块翻炒，装盘即可。

炒蟹粉

原料 蟹粉300克

调料 色拉油、清汤各100克，料酒10克，酱油5克，盐3克，味精2克，香醋1克，水淀粉、葱姜末各适量

做法 炒锅置火上，加入色拉油烧热，再放葱姜末炝锅后，下入蟹粉略煸，加料酒、酱油、盐、味精炒熟，然后加清汤烧沸，勾芡，最后淋香醋即可。

Tips

蟹粉即用蟹拆肉，佐以配料煮成的食物。

姜葱炒肉蟹

原料 花蟹2只，姜片6片，葱5段

调料 淀粉适量，高汤40克，盐8克，胡椒粉3克，鲍鱼汁15克，色拉油150克

做法
1. 将花蟹剖开，洗净，斩成四块，拍裂蟹螯。
2. 油锅烧至七成热，将蟹块拍上淀粉，入锅炸至刚熟捞出。
3. 锅内留底油烧热，放姜片、葱段爆香，加蟹块快炒，倒入高汤，加盐、胡椒粉、鲍鱼汁调味炒匀，待汤汁收浓，淋明油装盘即可。

年糕姜葱炒蟹

原料 青蟹1只，小年糕100克，西芹50克，葱段5克，姜片5克

调料 淀粉2克，盐3克，味精1克，水淀粉、色拉油各适量

做法
1. 将蟹拆卸，斩块，洗净，拍匀淀粉；西芹切菱形块；年糕切片，入锅煮熟，冷水冲凉。
2. 锅中放油，烧至五成热后，下蟹块，炸至金黄，捞出；另起锅放葱段、姜片、年糕片、西芹块、蟹块同炒，加盐、味精炒匀，勾芡即可。

香辣炒蟹

原料 青蟹2只，洋葱片5克，姜片5克，干红辣椒段10克，花生米10粒，香菜适量

调料 盐2克，料酒10克，郫县豆瓣酱（剁细）20克，花椒10克，味精3克，醪糟汁10克，海鲜酱5克，十三香3克，小葱段5克，红油10克，色拉油适量

做法

1 青蟹洗净，剁成4块，加盐、料酒码味后入油炸至断生。

2 油锅烧热，下蟹块及除小葱外的所有调料炒匀入味，焖5分钟，撒小葱段，淋红油炒匀后装盘，撒上花生米、香菜即可。

葱姜炒竹蛏

原料 鲜竹蛏肉300克，葱段50克，姜片50克，红椒条30克

调料 料酒、盐、水淀粉、香醋、色拉油各适量

做法
1. 竹蛏肉清洗干净，入沸水锅中焯水后控干水分。
2. 炒锅内放适量油，投入葱段、姜片、红椒条煸炒，下鲜竹蛏，加入料酒、盐，快速翻锅炒匀，用水淀粉勾芡，淋入香醋，起锅装入盘中。

尖椒炒蛤蜊

原料 蛤蜊400克，青红椒各半个

调料 蒜3瓣，姜末3克，料酒10克，盐4克，味精2克，生抽5克，色拉油适量

做法
1. 蛤蜊洗净，入沸水中焯水捞出。
2. 青红椒洗净，去籽切片；蒜去皮切片。
3. 锅内加油烧热，下蒜片、姜末、青红椒片炒香出味，放入蛤蜊炒匀，烹入料酒。
4. 加盐、味精、生抽调味后，炒至入味即可。

炒蛤蜊时，翻炒至蛤蜊全部开口方可。

菌菇炒竹蛏

原料 竹蛏150克，菌菇50克

调料 干椒5克，葱段5克，姜片5克，盐2克，味精1克，水淀粉、色拉油各适量

做法 1 将竹蛏入沸水锅中快速汆烫，再入冷水中清洗干净。

2 锅中放油烧热，下姜片、葱段、菌菇、干椒炒香，下竹蛏，调入盐、味精，勾薄芡，翻炒均匀即可。

Tips 汆烫竹蛏要用沸水，汆烫的时间要短。

原料 文蛤、西蓝花各150克，红椒片10克

调料 葱段、姜块、蒜片、料酒、盐、味精、淀粉、色拉油各适量

做法 油锅烧热，放入葱段、姜块、蒜片炸香后，下文蛤、西蓝花、红椒片煸炒，再加入料酒、盐、味精，用淀粉勾芡，炒匀，拣出葱段、姜块即可出锅装盘。

Tips 勾芡时放少许淀粉勾薄芡即可。

西蓝花炒文蛤

双椒炒蛤蜊

原料 蛤蜊500克，青红椒30克

调料 葱段12克，姜片8克，辣酱10克，料酒15克，盐4克，胡椒粉3克，色拉油适量

做法 1 蛤蜊焯水；青红椒切片。

2 锅加油烧热，爆香葱段、姜片、辣酱，放蛤蜊、青红椒片炒匀，烹入料酒，加盐、胡椒粉炒熟即可。

酱香蛏子

原料 蛏子500克

调料 蒜蓉10克，XO酱80克，豆豉酱50克，盐3克，糖5克，味精2克，色拉油适量

做法
1. 蛏子洗净，放入沸水锅焯水捞出。
2. 锅中加油烧热，下蒜蓉、XO酱、豆豉酱用小火炒香，放入蛏子炒匀。
3. 加盐、糖、味精调味，用大火炒熟即可。

蛏子焯水时间不宜过长，大火快炒，肉质才会细嫩。

辣炒蛤蜊

原料 蛤蜊400克

调料 料酒6克，葱10克，姜10克，干辣椒10克，辣椒酱10克，美极鲜味汁5克，盐1克，色拉油适量

做法
1. 干辣椒剪成段；葱切段；姜切片。
2. 锅内加水烧开，烹入料酒，放蛤蜊焯水。
3. 锅留油烧热，放葱、姜、干辣椒炝锅，放入蛤蜊翻炒片刻，烹入料酒炒匀，加辣椒酱、美极鲜味汁、盐炒熟即可。

清洗蛤蜊，最好使用两个盆，洗一遍换一个盆，会洗得更干净。

花蛤荷兰豆

原料 花蛤肉200克，荷兰豆200克，红椒20克

调料 盐2克，料酒10克，葱花10克，美极鲜味汁3克，色拉油适量

做法
1. 花蛤肉用盐、料酒腌制10分钟；荷兰豆去筋；红椒切块。
2. 锅内加水烧开，分别放入荷兰豆、花蛤肉焯水捞出。
3. 锅加油烧热，放葱花炝锅，下花蛤肉、荷兰豆、红椒炒匀，加盐、美极鲜味汁炒熟即可。

荷兰豆焯水时要焯熟，以免食物中毒。

荷香炒海虹

原料 青口贝300克，荷兰豆100克，胡萝卜50克，西芹50克，葱50克，蒜少许

调料 盐3克，味精1克，水淀粉、色拉油各适量

做法 1 青口贝入沸水汆烫，去壳取肉(海虹)；荷兰豆切菱形片；西芹切菱形块；胡萝卜切片；葱切段，蒜切片。

2 锅上火，加入油，炒香葱段、蒜片、荷兰豆、西芹块、胡萝卜片、海虹，调入盐、味精，用水淀粉勾薄芡，拌炒均匀即可。

脆椒辣螺肉

原料 去壳田螺肉300克，小米椒20克， 美人椒100克

调料 葱10克，姜5克，蒜10克，辣椒酱10克，盐2克，美极鲜辣汁3克，味精3克，芝麻10克，色拉油适量

做法 1 螺肉打花刀；小米椒、美人椒切小段。

2 锅内加油烧热，下螺肉滑熟。

3 锅留油烧热，放葱、姜、蒜炒香，下小米椒、美人椒、螺肉、辣椒酱快炒熟时，入盐、美极鲜辣汁炒匀，加味精炒熟，撒芝麻即可。

泡椒响螺片

原料 响螺片100克，泡椒100克，黄瓜50克

调料 香葱20克，姜片25克，蒜片10克，盐3克，味精5克，蚝油4克，蒸鱼豉油8克，花椒油2克，水淀粉5克，香油4克，鲜汤、色拉油各适量

做法 1 响螺片入水泡软，加葱、姜蒸1.5小时，取出片斜片，焯水；将黄瓜去皮切成斜片，焯水后摆入盘中；泡椒切段，部分搅碎。

2 锅放油烧热，下姜片、蒜片、泡椒末煸香，放入响螺片，加泡椒段、盐、味精、蚝油、蒸鱼豉油、花椒油调好味，烹入鲜汤稍焖，再收浓汤汁，勾芡，淋上香油，出锅盖于黄瓜上即可。

小炒田螺肉

原料 带壳田螺500克，青椒1个，红椒1个，蒜薹2根

调料 料酒、干辣椒、葱段、姜末、蒜片、老干妈豆豉、盐、味精、色拉油各适量

做法
1. 田螺去壳取肉，反复洗净，入加了料酒的沸水中焯水，捞出。
2. 青椒、红椒、蒜薹切成和田螺差不多大小的粒。
3. 锅加油烧热，加入干辣椒炸香，再加葱段、姜末、蒜片、老干妈豆豉，放入田螺肉、料酒炒入味，加入青椒粒、红椒粒、蒜薹粒，放少许盐、味精调味即可。

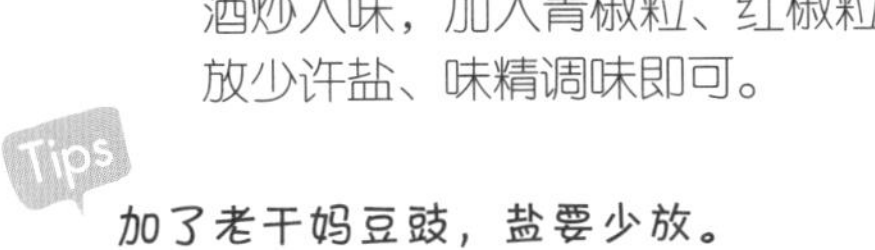

Tips

加了老干妈豆豉，盐要少放。

炒螺蛳

原料 净螺蛳（去尾）750克，姜末30克，葱花50克，干辣椒段适量

调料 桂皮、八角、盐、白糖、料酒、酱油、醋、胡椒粉、色拉油各适量

做法 锅中倒入少许油，放入干辣椒段、姜末、葱花、桂皮、八角、螺蛳煸炒至部分螺蛳掉厣(即螺口圆片状的盖)，加入盐、白糖、料酒、酱油、清水继续炒至断生入味，淋醋，撒胡椒粉即可。

螺蛳炒韭菜

原料 螺蛳肉200克，韭菜100克

调料 味精、盐、色拉油各适量

做法
1. 将螺蛳肉洗净，用沸水烫一下；韭菜洗净，切成3厘米长的段。
2. 锅置火上，放入油烧至六成热，将螺蛳肉煸炒至八成熟，再加入韭菜、味精、盐，翻炒均匀后即可出锅装盘。

辣子田螺

原料 田螺500克

调料 葱段、姜片、料酒、盐、干辣椒、花椒、泡椒、鲜汤、味精、糖、蒜、红油、色拉油各适量

做法

1. 活田螺用水养几天，吐尽泥沙，剪螺尾，洗净沥干；干辣椒切段；泡椒剁蓉。
2. 油锅烧热，下葱段、姜片爆香，入田螺翻炒，加料酒、清水、盐汆煮几分钟捞出，漂清水，去螺盖，洗净待用。
3. 油锅烧热，下干辣椒稍炒后放花椒粒，加田螺煸炒，下泡椒蓉炒至色红油亮，淋料酒，掺鲜汤，放盐、味精、糖、蒜用大火收汁，淋红油即可。

油爆螺片

原料 海螺、油菜帮、冬笋各适量

调料 盐、蛋清、干淀粉、蒜片、水淀粉各适量

做法

1. 海螺砸开取肉，去胆及内脏，加入大量的盐将海螺肉搓洗成白色。
2. 海螺肉切片，加入蛋清和干淀粉抓匀。
3. 油菜帮和冬笋切片，分别入锅中焯水，再过凉水，捞出备用。
4. 油菜叶切成细丝，放入油锅中炸成菜松码盘。
5. 海螺片滑油，捞出备用。
6. 锅中留底油，下入蒜片炝锅，同时下入油菜帮、冬笋、海螺肉爆炒。
7. 用水淀粉勾芡，翻炒出锅即可。

芫爆海螺

原料 海螺肉400克，香菜50克

调料 盐3克，料酒15克，姜汁5克，味精4克，葱25克，蒜片15克，香油5克，碱、高汤、姜丝、胡椒粉、醋、色拉油各适量

做法

1. 海螺肉加碱和醋搓洗，择去杂质，漂净，片成片；蒜切片，香菜去叶切小段。
2. 高汤、盐、料酒、姜汁、味精、胡椒粉调匀成味汁。
3. 海螺片洗净，入油滑透，炒锅放油烧热，放入葱、姜丝、蒜片炒香，下海螺片，翻炒两下倒入味汁，边炒边放入香菜，烹入醋，淋香油即可出锅装盘。

原料 田螺肉200克，红尖椒2个

调料 葱段、姜片、料酒、姜末、蒜末、盐、味精、酱油、色拉油各适量

做法 1 田螺去壳取肉，入加了葱段、姜片、料酒的水中煮熟，捞出沥干。
2 锅加油烧热，下姜末、蒜末、红椒炝锅，放入田螺肉翻炒，加料酒、盐、味精、酱油调味即可。

尖椒炒田螺

原料 生蚝仔（牡蛎仔）肉300克，豆豉30克，杭椒、红小米椒各2个

调料 豆豉、姜片、蒜片、料酒、盐、糖、味精、老抽、胡椒粉、色拉油各适量

做法 1 牡蛎仔肉加入盐和水反复抓洗，以去除泥沙，反复冲洗干净，沥干。杭椒、红小米椒切小圈。
2 锅加油烧热，放入豆豉、姜片、蒜片小火爆香，转大火，放入牡蛎肉、杭椒、红小米椒翻炒，烹料酒、盐、糖、味精、老抽炒熟，撒胡椒粉即可。

豆豉炒蚝仔

香辣圆白菜

原料 圆白菜350克

调料 姜、干辣椒、花椒、盐、味精、色拉油各适量

做法
1 圆白菜洗净切块。
2 炒锅加油烧热，放入姜、干辣椒、花椒爆香，放入圆白菜，加盐、味精调味，用旺火快炒至熟即可。

清洗圆白菜时，最好一片一片清洗，将菜中夹的脏物洗净。

酸辣圆白菜

原料 圆白菜半棵，干辣椒段适量

调料 料酒、白醋、盐、味精、香油、色拉油各适量

做法
1 圆白菜洗净，切成丝沥干。
2 炒锅中倒入油少许，放入干辣椒煸香，加入圆白菜丝、料酒、白醋、盐、味精炒至入味，淋香油出锅装盘即可。

手撕莲白

原料 圆白菜（又名莲花白菜）400克

调料 干辣椒3克，葱3克，姜末2克，蒜末4克，酱油3克，花椒盐、白糖、醋、水淀粉、色拉油各适量

做法
1. 圆白菜去老叶洗净，用手撕成小块。
2. 炒锅内加入底油，下入花椒炸香捞出，接着下入干辣椒炸香，再加入葱、姜末、蒜末煸炒出香味后放入圆白菜煸炒，边炒边加入酱油、盐、白糖、醋后，用水淀粉勾芡即可装入盘中。

豉油圆白菜

原料 圆白菜300克，红椒20克，葱20克

调料 盐2克，豉油50克，色拉油适量

做法
1. 圆白菜撕成片；红椒、葱均切丝。
2. 锅底加豉油烧热，加圆白菜爆炒，加盐、红椒、葱丝炒匀即可。

豉油，酱油的俗称。

香辣甘蓝

原料 紫甘蓝250克，干辣椒10克

调料 姜末、盐、生抽、味精、色拉油各适量

做法
1. 紫甘蓝洗净切块；干辣椒切段。
2. 炒锅加油烧热，用姜末、干辣椒段炝锅，加入紫甘蓝、盐、生抽、味精快速炒熟即可。

醋熘白菜

原料 大白菜300克，香菜少许

调料 色拉油、香醋、盐、味精、水淀粉各适量

做法
1. 大白菜洗净，去叶留梗，切成厚片。
2. 锅置火上，加入适量清水烧沸，放入大白菜焯水，倒入漏勺沥去水分。
3. 将香醋、味精、盐、水淀粉加入碗中，调成均匀的味汁。
4. 锅内入油烧热，放入大白菜略煸炒后，倒入味汁，翻炒装盘，撒上香菜即成。

空心菜梗炒玉米粒

原料 空心菜梗200克，玉米粒50克，红椒30克

调料 姜末、盐、味精、胡椒粉、色拉油各适量

做法
1. 空心菜梗切成小段；红椒切丁焯水；玉米粒煮熟备用。
2. 炒锅放油烧热，加姜末爆香，放空心菜梗、玉米粒、红椒丁翻炒至熟，加入盐、味精、胡椒粉调味炒匀即可。

Tips
红椒丁焯水只能轻微过水，要及时冲凉。

清炒油麦菜

原料 油麦菜250克

调料 色拉油、蒜末、盐、味精、白糖各适量

做法
1. 油麦菜洗干净，切成段。
2. 锅里放油，旺火烧热，入蒜末，炒出香味后，下油麦菜快速翻炒，加盐、味精和少许白糖，翻炒几下即可出锅。

Tips
油麦菜的翻炒时间不宜长，稍塌即可，否则口感会发苦。

冬菜炒苦瓜

原料 冬菜100克，苦瓜1根

调料 葱花、姜片、干辣椒、花椒、盐、味精、色拉油各适量

做法

1. 苦瓜纵向剖开，用勺子挖去瓤籽，切成1厘米见方的丁。冬菜取嫩尖，洗净挤干，切成1厘米见方的片。干辣椒掰成段。
2. 锅加油烧热，放入葱花、姜片，再放入苦瓜丁煸炒至干，盛出。
3. 锅洗净，加油烧热，放入干辣椒、花椒炸香，放入苦瓜、冬菜煸炒，加盐、味精调味即可。

Tips

冬菜是大白菜切成小块，晒半干，加盐等腌渍发酵而成的咸菜类食品。既可以当菜，也可以调味用。

豆豉苦瓜炒辣椒

原料 苦瓜1根，青尖椒1个，红尖椒1个

调料 豆豉、葱段、姜片、蒜末、盐、酱油、味精、色拉油各适量

做法

1. 苦瓜纵向剖开，挖去瓤籽，切片，入加了白醋的沸水中焯1分钟，迅速捞入冰水中。
2. 锅加油烧热，放豆豉、葱段、姜片、蒜末炝锅，放入苦瓜、青椒、红椒翻炒，加入少许盐、酱油、味精即可。

Tips

苦瓜焯水可减轻苦味，水中加白醋，可保持苦瓜翠绿的颜色。

梅干菜炒苦瓜

原料 梅干菜50克，苦瓜2根

调料 干辣椒、花椒、姜末、蒜末、高汤、盐、味精、色拉油各适量

做法

1. 苦瓜纵向剖开，去瓤和籽，切片，加盐腌渍5分钟，挤去水分；梅干菜泡透，挤干水分切碎。
2. 锅加油烧热，放干辣椒、花椒煸香，加入姜末、蒜末、梅干菜煸炒，加少许高汤、苦瓜炒2分钟，加盐、味精调味即可。

Tips

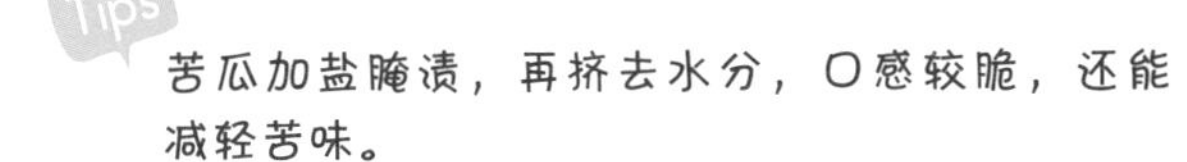

苦瓜加盐腌渍，再挤去水分，口感较脆，还能减轻苦味。

干椒苦瓜

原料 苦瓜400克，干辣椒75克

调料 料酒、盐、味精、色拉油各适量

做法

1. 苦瓜去瓤，切成条，用少许盐腌渍片刻，滤去汁；干辣椒去蒂、籽。
2. 炒锅中倒入油少许，放入干辣椒煸香，再加入苦瓜条、料酒、盐、味精煸炒至熟即可。

豉椒苦瓜

原料 苦瓜200克，红椒30克，豆豉20克

调料 盐、酱油、糖、高汤、味精、香油、色拉油各适量

做法

1. 苦瓜去籽，洗净切条，加入盐腌制10分钟，放入开水锅中烫一下，捞出沥干水分。
2. 红椒洗净切丝。豆豉泡水洗净，沥干水分。
3. 炒锅放油烧热，放豆豉、红椒丝炒出香味，放入苦瓜块翻炒几下，加酱油、糖、高汤烧至汤汁快干时，加入味精，淋香油即可。

双色菜花

原料 菜花200克，西蓝花200克

调料 蒜片、盐、黑胡椒粉、色拉油各适量

做法
1 菜花、西蓝花分别切成小块焯水。
2 炒锅加油烧热，下蒜片爆香，倒入焯好的菜花和西蓝花大火快炒几下，加盐、黑胡椒粉炒匀，淋明油即可。

若不是必须吃素，可加上一些火腿丁会更加美味。

番茄炒菜花

原料 菜花200克，番茄150克

调料 色拉油、面粉、素高汤、鲜牛奶、盐、味精各适量

做法
1 将菜花掰成小朵，洗净，入水锅中煮至八成熟捞出；番茄用开水烫后去皮，切成块。
2 锅内放色拉油烧热，倒入面粉炒出香味，冲入滚沸的素高汤，搅匀后放入鲜牛奶、盐、味精、番茄块、菜花，翻炒几下装盘即可。

素高汤是用香菇、牛蒡、胡萝卜及白萝卜叶各适量煮45分钟，滤汁而成。

红烩菜花

原料 菜花250克，胡萝卜50克，番茄50克

调料 番茄酱、盐、糖、胡椒粒、色拉油各适量

做法 1 菜花掰成小朵，用盐水浸泡10分钟，然后放入沸水中焯5分钟，捞出沥干；胡萝卜、番茄分别洗净切小块。

2 炒锅加油烧热，下番茄酱炒到油呈红色时，放水烧开，放入菜花、胡萝卜块、番茄块、盐、糖、胡椒粒烧熟，淋明油出锅。

蒜蓉西蓝花

原料 西蓝花300克

调料 蒜蓉20克，高汤、盐、味精、胡椒粉各适量

做法 1 西蓝花切成小朵，放入沸水中焯水。

2 炒锅加油烧热，放蒜蓉炝锅，加西蓝花迅速翻炒，再加高汤，用盐、味精、胡椒粉调味翻炒均匀，淋明油即可。

Tips

西蓝花要用淡盐水浸泡洗净，焯水时加入适量盐焯熟。

原料 豆角200克，茄子200克，红小米椒1个

调料 葱段、姜片、蒜瓣、剁椒、盐、味精、糖、生抽、少许高汤、色拉油各适量

做法
1. 豆角切成10厘米长段，入加了白醋的沸水中焯2分钟，入冰水中泡凉，捞出沥干。
2. 茄子去蒂，切条，加盐腌10分钟，挤去水分。
3. 锅加油烧热，放入葱段、姜片、蒜瓣，加茄子炒1分钟，放入豆角、剁椒、盐、味精、糖、生抽、少许高汤，大火烧沸，转小火焖3分钟，大火收汁即可。

Tips

豆角要用长的豇豆角，茄子用长茄子。

豆角炒茄子

原料 青豌豆150克，白果200克，枸杞子20克

调料 盐2克，胡椒粉2克，味精4克，水淀粉10克，色拉油适量

做法
1. 白果、枸杞子用水泡好；白果去心。
2. 锅内加水烧开，下青豌豆、白果焯水捞出。
3. 锅加油烧热，放青豌豆、白果、枸杞子炒匀，加盐、胡椒粉、味精炒熟，勾芡即可。

Tips

青豌豆如果不是应季的，就选用袋装甜豌豆，一般超市都有售。

豌豆白果

干椒地瓜

原料 红薯（地瓜）片350克，干辣椒100克

调料 料酒、盐、味精、葱油、色拉油各适量

做法

1 红薯片焯水后控干；干辣椒去蒂、籽。

2 炒锅中倒入油少许，放入干辣椒煸香，加入红薯片、料酒、盐、葱油、味精，炒至红薯片断生即可。

素烧二冬

原料 冬瓜100克，冬菇30克，大海米5个

调料 色拉油25克，葱半根，盐1克，素汤、味精各少许

做法

1 冬瓜、冬菇洗净切片；葱洗净切末。

2 油锅烧热，下葱末炒香，再倒入冬瓜片翻炒，然后加素汤、冬菇片、大海米、盐、味精，焖烧片刻即可。

Tips

冬瓜要去皮。

原料 丝瓜350克，小米椒100克

调料 姜、葱、蒜末各8克，盐2克，味精4克，胡椒粉3克，色拉油适量

做法 1 丝瓜去皮切片；小米椒切丁。

2 锅加油烧热，下小米椒、葱、蒜炒香，加丝瓜、盐、味精、胡椒粉，用大火炒熟即可。

Tips

丝瓜的味道清甜，烹煮时不宜加酱油或豆瓣酱等口味较重的调味，以免抢味。

原料 笋瓜250克，青椒片75克，泡椒段75克

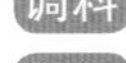
调料 盐、泡椒汁、味精、色拉油各适量

做法 1 笋瓜洗净，切片，焯水。

2 炒锅中倒入油少许，烧热后放入青椒片、笋瓜片、泡椒段、盐、泡椒汁、味精炒至断生即可。

Tips

笋瓜，又叫印度南瓜、北瓜、嫩瓜，适于炒食、作馅，干种子可炒食。

原料 鲜丝瓜300克，红椒段50克，鲜蚕豆瓣150克

调料 盐、味精、水淀粉、色拉油各适量

做法 1 丝瓜刨皮切块；蚕豆瓣焯水。

2 锅中倒入油少许，放入丝瓜块、红椒段、蚕豆瓣、盐、味精炒匀，用水淀粉勾芡，淋明油出锅即可。

丝瓜炒毛豆

原料 丝瓜150克，毛豆200克，红椒片30克

调料 色拉油、盐、味精、白糖、水淀粉各适量

做法
1. 丝瓜去皮洗净，切成块。
2. 锅置火上，加入适量清水烧沸，放入丝瓜块、毛豆、红椒片焯水，倒入漏勺沥去水分。
3. 锅烧热放油，同时放入丝瓜块、毛豆、红椒片煸炒，加入盐、味精、白糖调味炒熟，用水淀粉勾芡，即可起锅装盘。

鱼香丝瓜

原料 丝瓜300克，木耳50克，马蹄50克，粉丝50克

调料 盐、醋、酱油、豆瓣酱、辣椒、糖、红油、水淀粉、姜末、色拉油各适量

做法
1. 丝瓜去皮切条，木耳、马蹄切片，均焯熟；粉丝用水泡好。
2. 盐、醋、酱油、豆瓣酱、辣椒、糖、红油、水淀粉调成芡汁。
3. 锅内加油，放入姜末，倒入调好的芡汁烧沸，放入丝瓜条、木耳、马蹄片、粉丝炒拌均匀即可。

原料 苦瓜300克，藕丝150克，红椒丝、南瓜丝各10克

调料 白醋、姜、盐、味精、白糖、色拉油各适量

做法 1 将苦瓜去籽，切丝；藕去皮，切丝。

2 锅放水烧沸，倒入苦瓜丝、藕丝、红椒丝、南瓜丝，加点白醋，焯至断生待用。

3 锅放油烧热，下姜炒香，倒入藕丝、苦瓜丝、红椒丝、南瓜丝，加盐、味精、白糖，翻炒匀即成。

苦瓜藕丝

原料 南瓜500克

调料 淀粉20克，鸡蛋50克，面粉20克，糖20克，芝麻10克，色拉油适量

做法 1 南瓜去皮、瓤，切小块，入沸水略煮，晾凉，蘸上淀粉，再加入鸡蛋、面粉、水淀粉拌匀。

2 锅内加油烧至七成热，下南瓜块炸至表面结壳、呈淡黄色时沥油。

3 锅留底油，放糖炒至糖溶化稍变黄，倒入南瓜块，撒上芝麻拌匀即可。

拔丝南瓜

南瓜炒年糕

原料 年糕200克，南瓜200克，大葱段30克，青椒片适量

调料 姜、盐、味精、胡椒粉、香油、色拉油各适量

做法

1 南瓜切片，入沸水煮至八成熟，捞出控干；年糕切片；青椒片焯水。

2 锅放油烧热，炒香姜，倒入南瓜、年糕一起炒至九成熟，加入大葱段、青椒片，加盐、味精、胡椒粉调味炒匀，淋香油即成。

三色炒南瓜

原料 南瓜100克，木耳100克，西芹100克，红椒50克

调料 葱花10克，盐2克，胡椒粉2克，味精4克，色拉油适量

做法

1 南瓜去皮、籽，切菱形片；西芹切菱形片；木耳用温水泡好，撕成小朵；红椒切块。

2 锅内加水烧开，下南瓜、木耳焯水。

3 锅加油烧热，放葱花炝锅，下南瓜、木耳、西芹、红椒炒匀，放盐、胡椒粉炒熟，加味精炒入味即可。

原料 茭白丝150克，南瓜丝250克

调料 白糖、盐、味精、色拉油各适量

做法 1 南瓜丝、茭白丝分别焯水。

2 炒锅中倒入油少许，放入茭白丝、南瓜丝炒一会，再加白糖、盐、味精调味炒至断生即可。

茭白南瓜

原料 南瓜400克，豆豉40克

调料 姜、葱段、盐、味精、香菜、水淀粉、香油、色拉油各适量

做法 1 南瓜切丝，入沸水煮至七成熟，捞出控水；香菜去叶取茎待用。

2 锅放油烧热，放姜、豆豉炒香，倒入南瓜丝、葱段，加盐、味精调味，下香菜茎，用水淀粉勾芡，炒匀后放香油即成。

巧炒南瓜丝

烧汁西葫芦

原料 西葫芦400克，香菇3个，红椒半个

调料 番茄酱、糖、盐、味精、酱油、姜末各适量

做法 1 西葫芦去籽，洗净切条，加盐腌片刻。

2 香菇去蒂、红椒去籽，分别洗净切条。

3 番茄酱、糖、盐、味精、酱油、水调匀成味汁。

4 锅内加油烧热，放香菇条煸出味，加姜末、西葫芦条、红椒片翻炒，倒入调好的味汁，大火炒匀即可。

毛豆咸菜

原料 小青菜300克，毛豆100克，干辣椒段10克，姜末5克

调料 盐、味精、色拉油各适量

做法 1 小青菜洗净，切成粒，加适量盐搓揉均匀，腌渍10分钟，控去卤汁成咸菜。

2 炒锅中倒入油少许，放入干辣椒段、姜末煸香，加入毛豆、咸菜煸炒至断生入味，再放入味精炒匀装盘即可。

毛豆炒藕片

原料 藕片200克，毛豆25克

调料 鲜汤、盐、味精、水淀粉、色拉油各适量

做法
1. 将藕片放入沸水中烫一下，沥去水分待用。
2. 锅置火上，放入油烧热，放入藕片煸炒，放鲜汤、毛豆同炒，再加盐、味精调味，最后用水淀粉勾芡，装盘即可。

毛豆烧茄子

原料 茄子400克，鲜毛豆75克

调料 酱油10克，料酒8克，味精2克，白糖5克，清汤、葱末、姜末、蒜片、水淀粉、色拉油各适量

做法
1. 茄子去皮切厚片，两面剞花刀，再改菱形片；毛豆去皮煮熟。
2. 清汤、酱油、料酒、味精、白糖、葱末、姜末、蒜片和水淀粉调匀成芡汁。
3. 炒锅放油，烧热，放茄子炸至金黄色时捞出控油，倒回炒锅里，再放毛豆翻炒，加芡汁翻炒，淋明油，出锅装盘即成。

炒三丁

原料 芹菜250克，豆腐干100克，胡萝卜80克

调料 葱片5克，干辣椒段10克，酱油5克，盐2克，味精3克，色拉油适量

做法
1. 芹菜、豆腐干、胡萝卜均切丁。
2. 锅内加水烧开，下芹菜、豆腐干、胡萝卜分别焯水。
3. 锅加油烧热，下葱片、干辣椒炝锅，加芹菜、豆腐干、胡萝卜快速炒匀，烹入酱油，加盐、味精炒熟即可。

炒制时也可先放豆腐干，会使豆腐干更入味。

芹菜炒香干

原料 香干200克，香芹150克，青红椒50克

调料 蒜片5克，盐3克，生抽10克，味精4克，色拉油适量

做法
1. 香芹去老叶，切成3厘米长的段；香干切长条，入沸水焯烫；青红椒去蒂、籽，切丝。
2. 锅内加油烧热，下蒜片爆香，放香干炒匀至起小泡，加青红椒、香芹快速翻炒片刻，加盐、生抽、味精调味炒熟即可。

烧二冬

原料 水发冬菇200克，熟冬笋片100克

调料 色拉油、葱花、姜末、酱油、料酒、味精、白糖、鲜汤、水淀粉、香油各适量

做法

1 将冬菇摘去硬根，除去杂质，洗净，挤干水分备用。

2 锅置旺火上，放油烧至六成热，放入冬笋片稍炸；冬菇汆烫后捞出。

3 炒锅留底油，用葱花、姜末炝锅，下冬菇、冬笋片煸炒，加酱油、料酒、味精、白糖调味，再加鲜汤烧开后勾芡，淋香油即可。

辣味木耳炒腐竹

原料 水发木耳100克，腐竹150克，红小米椒30克

调料 葱段3克，老抽8克，盐5克，料酒10克，色拉油适量

做法

1 腐竹泡好切斜刀段；木耳去蒂，撕成小片；红小米椒去蒂、籽，切小圈；葱切片。

2 将木耳、腐竹放入沸水锅中稍煮，捞出。

3 锅加油烧热，放葱段爆香，下木耳、腐竹、红小米椒炒匀，加老抽、盐、料酒大火炒熟即可。

农家炒豇豆角

原料 长豇豆300克，干辣椒段5克

调料 蒜片、盐、酱油、味精、色拉油各适量

做法 1 豇豆洗净切段。

2 炒锅加油烧热，放干辣椒、蒜片爆香，下豇豆段稍炒，加入盐、酱油、水焖炒至熟，最后加味精炒匀即可出锅装盘。

豇豆烹调时间不宜长，以免造成营养损失。

玉米四季豆

原料 四季豆段300克，甜玉米粒150克

调料 葱姜酒汁（葱、姜加料酒浸泡而成）、盐、白糖、味精、香油、色拉油各适量

做法 1 四季豆、玉米粒分别焯水。

2 炒锅中倒入油少许，放入四季豆、玉米粒、葱姜酒汁、盐、白糖炒至断生，加入味精炒匀，淋上香油即可。

为了防止食物中毒，四季豆应进行焯水的预处理，焯至变色熟透方可。

松仁玉米

原料 玉米粒250克，松仁5克，青椒粒50克

调料 盐、味精、水淀粉、色拉油各适量

做法
1. 青椒洗净，切粒；玉米粒、青椒粒放入沸水中焯水。
2. 松仁放入油中炸至酥脆。
3. 锅内留油烧热，放入玉米粒、青椒粒，加盐、味精炒匀，用水淀粉勾薄芡，淋明油装盘，撒上松仁即可。

本道菜宜选用黄色甜玉米粒。

香辣四季豆

原料 四季豆400克，叙府芽菜50克，干辣椒粒5克

调料 盐、味精、料酒、色拉油各适量

做法
1. 四季豆洗净，撕去筋，断成约5厘米的段，用沸水浸烫数分钟。
2. 炒锅中倒入油少许，放入干辣椒粒煸香，再放入四季豆煸炒至表皮起皱，加入芽菜、盐、味精、料酒煸炒至入味即可。

雪菜豆瓣

原料 雪菜80克，蚕豆瓣50克，泡红椒5克

调料 葱、姜、酱油、盐、白糖、味精、色拉油各适量

做法
1. 雪菜洗净，切成小丁；蚕豆瓣洗净，焯水后捞出待用。
2. 油锅上火烧热，下葱、姜煸香，放入雪菜丁、蚕豆瓣、泡红椒炒匀，加酱油、盐、白糖、味精调味，出锅装盘，放上葱丝即可。

干锅豆角

原料 小米椒100克，豆角300克

调料 辣椒酱50克，料酒5克，盐2克，味精3克，糖5克，小葱段10克，色拉油适量

做法
1. 把豆角去筋切段；小米椒切圈。
2. 锅内加油烧至六成热，下豆角炸至微黄色。
3. 锅留油烧热，放辣椒酱、小米椒爆香，烹入料酒，加豆角快速翻炒匀。
4. 加盐、味精、糖调味，撒上葱段，炒匀放入干锅中即可。

清炒荷兰豆

原料 荷兰豆300克

调料 盐2克，味精4克，香油、色拉油各适量

做法
1 荷兰豆择去两头和老筋。
2 锅内加水烧开，入荷兰豆焯水捞出。
3 锅加油烧热，下荷兰豆、盐、味精炒匀，淋香油出锅即可。

Tips 荷兰豆焯水不要过长，以免变色。

碧绿三丁

原料 榨菜200克，豌豆150克，白果15颗，红椒半个

调料 葱10克，盐2克，胡椒粉3克，味精4克，色拉油适量

做法
1 榨菜切丁；红椒切丁；白果去心。
2 将榨菜、豌豆、白果分别入沸水中焯水。
3 锅加油烧热，下葱爆香，放榨菜、豌豆、白果、红椒炒匀，用盐、胡椒粉调味，加味精炒熟即可。

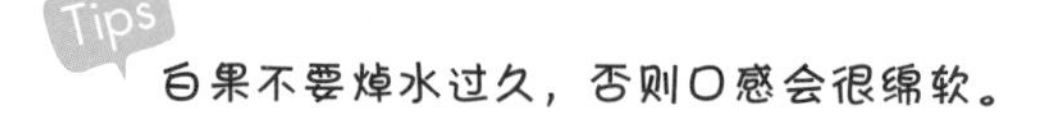

Tips 白果不要焯水过久，否则口感会很绵软。

家乡茄子

原料 长茄子500克，青红椒各1个，炒香的花生碎适量

调料 盐、味精、白醋、胡椒粉、酱油、色拉油各适量

做法
1 茄子切圆段，两面切浅十字花刀；青红椒切末待用。
2 锅放油烧热，将茄子煎至两面金黄，加适量水，放盐、味精、白醋、胡椒粉、酱油调味，烧5分钟，加青红椒末、花生碎，收汁即成。

Tips 老茄子，特别是秋后的老茄子含有较多茄碱，对人体有害，不宜多吃。

酱香茄条

原料 圆茄子1个（约450克），红椒粒适量

调料 葱姜蒜末各15克，郫县豆瓣酱（剁细）100克，料酒20克，酱油15克，盐2克，味精2克，干淀粉10克，水淀粉10克，色拉油、高汤各适量

做法
1. 茄子去蒂、皮，切条，拍匀干淀粉；锅中加油烧热，入茄子条炸至淡黄，捞出控油。
2. 锅内留底油烧热，下郫县豆瓣酱、葱姜蒜末煸香，烹入料酒，再加酱油、盐、味精、高汤烧沸，加茄子翻炒，勾芡，淋明油出锅，撒上红椒粒即可。

青红椒炒茄子

原料 茄子2个，青红椒各适量

调料 盐、味精、老抽、葱姜末、色拉油、红油各适量

做法
1. 茄子对剖后改刀成段，剞上鱼鳃花刀；青红椒切成菱形片。
2. 锅中入油烧至五成热，下入茄子滑油，倒入漏勺沥油。
3. 锅中入底油烧热，下入葱姜末、青红椒片炒香，倒入茄子，加盐、味精、老抽调味，淋红油即可。

酱爆茄子

原料 长茄子400克

调料 葱末、姜末、甜面酱、盐、高汤、味精、料酒、蒜、色拉油各适量

做法
1. 茄子洗净，切成长条，再改成段，入油炸2分钟捞出沥油；蒜洗净切蓉。
2. 锅内留底油烧热，放葱姜末煸出香味，加甜面酱、盐、高汤、味精、料酒调匀，再放入茄子段小火焖至汤汁渐稠，装盘，撒上蒜蓉即可。

烧茄子

原料 茄子400克，青椒片100克，番茄100克

调料 蛋清、水淀粉、葱丝、姜丝、蒜末、盐、味精、料酒、酱油、胡椒粉、白糖、花生油各适量

做法
1. 茄子切块，泡清水中；番茄切块；蛋清与水淀粉调成面糊。
2. 茄块控干挂面糊，入油炸至金黄，捞出沥油。
3. 锅留底油，放葱姜丝、蒜末爆香，下茄子、青椒、番茄及余下调料，烧至汁浓即成。

剁椒茄子

原料 茄子1个，剁椒适量

调料 干辣椒、花椒、剁椒、盐、味精、香油、小葱花、色拉油各适量

做法
1. 茄子洗净，切粗条，加盐腌渍10分钟，挤干水分。
2. 锅加油烧热，油稍微多一点，放干辣椒、花椒爆香，放茄子煎炒熟，加剁椒炒匀，加少许盐、味精，淋香油，撒小葱花即可。

Tips 剁椒有咸味，盐要少放。

地三鲜

原料 茄子200克，土豆100克，青椒100克

调料 葱姜末3克，料酒10克，盐5克，味精3克，酱油10克，白糖5克，水淀粉、色拉油各适量

做法
1. 土豆去皮，与茄子分别切成滚刀块；青椒去蒂，洗净，切片。三种原料均入油锅炸至金黄色，捞出控油。
2. 炒锅置旺火上，入油烧至四成热，放入葱姜末炝锅，放入炸过的土豆块、茄子块、青椒片，翻炒3分钟，烹入料酒，用盐、味精、酱油、白糖调味，勾芡，淋明油即可。

清酱茄子

原料 圆茄子500克，黄豆50克

调料 酱油10克，盐3克，味精2克，清汤、姜末、八角、葱白、花椒油、青红椒丝各适量

做法
1 茄子切成大角块；黄豆洗净；葱白切圆片。
2 锅中倒入清汤，放黄豆和茄子块，加酱油、姜末、盐、八角烧开后，用小火煮透，放入味精翻炒均匀，出锅装盘，放上葱片，淋花椒油，撒上青红椒丝即成。

松仁玉米荟萃

原料 芦荟200克，甜玉米粒20克，熟松仁15克

调料 盐2克，葱姜末、味精、色拉油各少许

做法
1 芦荟削去皮，切成条，洗净；甜玉米粒入沸水中略焯捞出。
2 油锅烧热，入葱姜末炒香，倒入芦荟条、玉米粒、盐、味精略翻炒，撒上熟松仁即可。

番茄炒木耳

原料 番茄300克，木耳200克

调料 大葱10克，盐2克，酱油5克，胡椒粉2克，味精3克，色拉油适量

做法
1 番茄切块；木耳用水泡好；大葱切片。
2 将木耳放入沸水中焯水，捞出沥干。
3 锅加油烧热，下入大葱爆香，放番茄、木耳炒匀至番茄变色，加盐、酱油、胡椒粉炒熟，最后放味精即可。

金沙豌豆粒

原料 豌豆240克，玉米粒150克，红椒50克

调料 葱片10克，姜片5克，盐2克，胡椒粉3克，味精4克，色拉油适量

做法
1 红椒切粒；锅内加水烧开，下豌豆、玉米粒焯水。
2 锅加油烧热，下葱、姜炝锅（捞去不用），放豌豆、玉米粒、红椒粒用大火炒匀，加盐、胡椒粉、味精炒熟即可。

西芹百合

原料 西芹150克，鲜百合100克

调料 色拉油、盐、味精、水淀粉各适量

做法
1 鲜百合一瓣一瓣剥下，洗净；西芹洗净，切成片。
2 锅置火上，加入适量清水烧沸，将百合片、西芹片放入焯水，倒入漏勺沥去水分。
3 炒锅放油烧至七成热，投入百合片、西芹片略炒，加入盐、味精，用水淀粉勾芡，起锅装盘即成。

麻花炒西芹

原料 西芹150克，麻花250克，青椒丝适量

调料 盐、姜、味精、豆豉、白醋、色拉油各适量

做法
1 西芹择净，切段，用沸盐水焯水；青椒丝焯水待用。
2 锅放油烧热，下姜炒香，放入麻花、青椒丝、西芹段及味精、豆豉、白醋，炒匀即可。

Tips
炒麻花的时间不宜太长，否则会影响其酥脆的口感。

原料 西芹片200克，腰果200克

调料 盐、味精、水淀粉、葱油、色拉油各适量

做法
1 西芹片焯水；腰果焐油。
2 炒锅中倒入油少许，放入西芹片、腰果、盐、味精翻炒均匀入味，用水淀粉勾芡，淋葱油即可出锅装盘。

Tips

挑选腰果时，以整齐均匀、色白饱满、味香身干、含油量高者为上品。

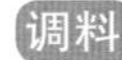原料 蚕豆200克，百合200克

调料 盐、味精、水淀粉、色拉油各适量

做法
1 百合剥成瓣，去除根部及干枯部分，洗净去黑头。
2 百合、蚕豆瓣滑油至断生。
3 炒锅中倒入油少许，放入百合、蚕豆、盐、味精略炒，用水淀粉勾芡即可。

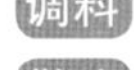原料 黄豆芽400克

调料 醋、盐、味精、色拉油各适量

做法
1 黄豆芽择洗干净，沥干水分。
2 炒锅放油烧热，放入黄豆芽略炒，加醋炒匀，加盐、味精调味炒熟即可。

醋的量要控制好，不能太大。

芦蒿炒臭干

原料 净芦蒿段250克，臭豆腐干250克，红椒丝50克

调料 盐、料酒、色拉油各适量

做法 1 臭豆腐干切成粗丝，略烫后洗净。

2 锅中倒入油少许，放入芦蒿段、盐、红椒丝煸炒，加入臭豆腐干丝、料酒，炒至断生即可出锅装盘。

金笋银芽

原料 胡萝卜丝200克，绿豆芽150克，干辣椒5克，葱花2克

调料 盐、味精、色拉油各适量

做法 1 绿豆芽掐去根部，用清水浸泡。

2 炒锅中倒入油少许，放入干辣椒煸香，加入葱花、绿豆芽、胡萝卜丝、盐、味精，炒至断生即可。

清炒芦笋

原料 芦笋500克

调料 葱粒10克，盐3克，料酒5克，醋8克，味精2克，色拉油适量

做法 1 芦笋洗净，去掉老皮，切段，入沸水中焯水捞出。

2 炒锅加油烧热，加入葱粒炝锅，放芦笋段、盐、料酒、醋、味精不停翻炒，待熟后淋明油即可。

原料 芦蒿200克，香干150克

调料 白醋、盐、味精、色拉油各适量

做法 1 香干洗净切成条，用沸水（加盐少许）浸烫几分钟。

2 炒锅中倒入油少许，放入香干条、芦蒿、白醋、盐、味精炒至断生即可出锅装盘。

原料 芦笋80克，鲜百合100克，红椒1个

调料 色拉油30克，盐3克，味精、素高汤、水淀粉各少许

做法 1 芦笋洗净切段，与百合一起入沸水锅略焯捞出；红椒切菱形块。

2 油锅烧热，下红椒块煸炒，加芦笋段、百合、素高汤略烧，加盐、味精调味，用水淀粉勾芡即可。

鱼香冬笋

原料 冬笋300克，青红椒40克

调料 豆瓣酱10克，葱、姜、蒜末各5克，料酒5克，盐2克，醋6克，糖5克，味精3克，水淀粉、色拉油各适量

做法
1. 冬笋切片，焯水捞出；青红椒切块。
2. 锅加油烧热，放豆瓣酱、葱、姜、蒜炒香，烹入料酒，放盐、醋、糖、味精烧开，用水淀粉勾芡，调成鱼香汁。
3. 锅加油烧热，下冬笋、青红椒炒匀，淋入鱼香汁炒熟即可。

三丝炒竹笋

原料 竹笋150克，胡萝卜100克，金针菇100克，木耳100克

调料 葱段6克，盐2克，胡椒粉3克，香油2克，色拉油适量

做法
1. 竹笋、胡萝卜分别去皮切丝；木耳用水泡好切丝；金针菇去根。
2. 锅内加水烧开，放入少许盐、油，分别下入竹笋、胡萝卜、木耳焯水。
3. 锅加油烧热，下葱炒香，放竹笋、胡萝卜、金针菇、木耳炒香，加盐、胡椒粉炒熟，淋香油即可。

酱香莴笋

原料 莴笋200克，鸡腿菇100克

调料 蒜、甜面酱、盐、味精、色拉油各适量

做法
1. 莴笋、鸡腿菇分别洗净切片，放入沸水中焯水，捞出备用。
2. 蒜去皮切片。
3. 炒锅加油烧热，放蒜片、甜面酱爆香，放入莴笋片、鸡腿菇片炒匀，调入盐、味精炒熟。

Tips 为保持笋片的清脆及碧绿，一定要先焯水。

雪菜春笋

原料 雪菜75克，春笋250克

调料 盐、味精、糖、色拉油各适量

做法
1. 雪菜洗净，沥干切末。
2. 春笋洗净切丁，放入沸盐水中煮5分钟，捞出沥干。
3. 炒锅加油烧热，放入春笋丁、雪菜翻炒1分钟，加糖、味精调味即可。

Tips 竹笋中以春笋、冬笋味道最佳。先用开水焯春笋，可以去除笋中的草酸。

炝双笋

原料 鲜竹笋、莴笋各100克，胡萝卜20克

调料 盐、葱花、味精、白糖、色拉油各适量

做法
1. 将鲜竹笋、莴笋、胡萝卜洗净后分别斜切成滚刀块，入沸水锅一同焯熟，捞起放入盘中，加盐、味精、白糖拌匀。
2. 油锅上火烧热，葱花装在碗中，倒入热油，制成葱油，再倒入双笋中拌匀即可。

山药胡萝卜

原料 净山药200克，胡萝卜200克

调料 冰糖、蜂蜜、盐各适量

做法
1. 山药、胡萝卜切块，分别焯水、沥干。
2. 冰糖、蜂蜜和盐放入锅中，加清水少许熬浓稠，加入山药块、胡萝卜块翻炒均匀即可。

Tips
甜品中加少许盐，能提高人们对甜味的敏感度。

双笋炒红菜

原料 净嫩红菜250克，胡萝卜、莴笋各100克

调料 盐、味精、色拉油各适量

做法
1. 胡萝卜、莴笋分别洗净，切丝。
2. 炒锅中倒入油少许，放入胡萝卜丝、红菜、莴笋丝、盐、味精，炒至断生出锅即可。

Tips
炒制蔬菜时，通常要猛火快炒，以防止其渗水。

干烧笋尖

原料 冬笋尖300克，冬菇50克，胡萝卜50克，青豆30克

调料 姜末5克，豆瓣酱25克，盐3克，味精2克，色拉油适量

做法
1. 冬笋切片；青豆洗净；冬菇、胡萝卜分别切丁，入沸水中焯水捞出。
2. 锅内加油烧热，下姜末、豆瓣酱炒香，加入清水烧开，放入冬菇丁、冬笋丁、胡萝卜丁、青豆炒匀，用盐、味精调味，用中火烧至汁干油清即可。

干烧冬笋

原料 冬笋750克，腌雪里蕻75克

调料 盐1克，料酒5克，味精4克，色拉油适量

做法
1. 冬笋削去外皮和根部，用清水洗净，切成菱形块，放入盐、料酒，拌匀腌好；雪里蕻用开水泡去咸味，切成段。
2. 锅里放入油，上火烧至三四成热，放入腌好的冬笋块炸成金黄色，再放入雪里蕻炸酥，一起倒入漏勺，控净油，放回炒锅中，加入味精翻炒几下，装盘即成。

Tips
炒冬笋时，油温不宜高，否则不能使笋里熟外白。

干煸藕条

原料 藕300克

调料 干辣椒、盐、味精、色拉油各适量

做法
1. 藕去皮洗净切条，把藕条表面的淀粉漂洗干净，沥干；干辣椒洗净，切段。
2. 藕条放入油中炸至微黄。
3. 锅中加油，用中火烧至六成热，下干辣椒段稍炸，放入藕条用大火煸炒2分钟，加盐、味精炒匀即可。

香辣土豆丝

原料 土豆400克，红椒50克

调料 葱10克，干辣椒20克，盐3克，醋5克，糖8克，色拉油适量

做法
1. 土豆去皮切细丝；红椒切丝。
2. 锅内加油烧至七成热，下土豆丝炸成金黄色。
3. 锅留油烧热，下葱、干辣椒炒香，加土豆丝、红椒、盐、醋、糖炒熟即可。

土豆丝炸好后要快炒，否则会不脆。

酸辣土豆丝

原料 土豆250克，青椒、红椒各15克

调料 葱丝3克，姜丝2克，酱油4克，盐1克，味精1克，醋、花椒油适量

做法
1. 土豆去皮切成长5厘米的细丝，用清水洗净；青椒、红椒切丝。
2. 炒锅放油烧热，放葱姜丝煸香，下土豆丝急速翻炒，边炒边放酱油、盐、味精，土豆将熟时放入青椒丝、红椒丝和醋，见土豆全熟时，放花椒油出锅装盘即成。

土豆丝切后应浸泡在清水中，否则会氧化变色，影响成菜色泽。

尖椒土豆丝

原料 土豆200克，青尖椒100克

调料 色拉油、葱花、料酒、盐、味精各适量

做法
1. 将青尖椒去蒂、去籽，洗净，切丝；土豆去皮，切成丝，泡入清水中。
2. 炒锅置火上，加入适量清水烧沸，将青尖椒丝、土豆丝放入焯水，倒入漏勺沥去水分。
3. 锅加油烧热，加入葱花煸香，将青尖椒丝、土豆丝放入炒匀，烹料酒，加盐、味精翻炒几下，出锅装盘即可。

切辣椒时，先将刀在冷水中蘸一下，再切就不会辣眼睛了。

炒芋仔

原料 去皮芋仔300克，青椒、红椒、洋葱各适量

调料 沙茶酱、料酒、酱油、盐、味精、水淀粉、色拉油各适量

做法
1 芋仔切块；青椒、红椒、洋葱分别切片。
2 锅中放油烧至五成热，芋仔块入油锅中炸至表面金黄，盛出；青红椒片用油焐熟。
3 锅留底油，放洋葱片煸炒，加沙茶酱炒匀，加料酒，用酱油、盐、味精调好味，勾芡，倒入芋仔块及青红椒片，炒匀装盘即可。

芋仔一定要烹熟，否则其中的黏液会刺激咽喉。

宫保藕丁

原料 莲藕350克，花生仁80克，大葱50克

调料 葱醋、姜、尖椒、辣酱、盐、白糖、味精、酱油、红油、水淀粉、色拉油各适量

做法
1 莲藕去皮切丁，用醋水漂洗，待用；大葱切成花生仁大小，备用。二者均入沸水锅中焯水，捞出控干。
2 锅放油烧热，下姜、尖椒、辣酱，倒入藕丁、花生仁、大葱丁拌炒，加盐、白糖、味精、酱油、红油调味，用水淀粉勾芡，炒匀即成。

用醋水漂洗藕丁可以防止藕丁氧化变色。

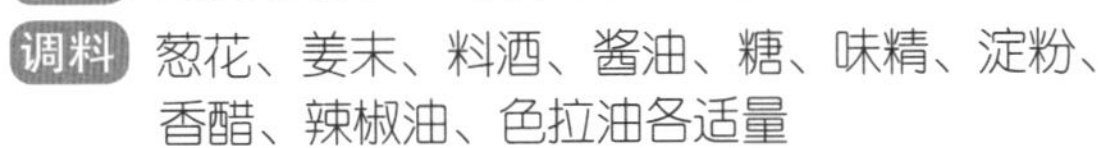

原料 去皮熟藕丁100克，青椒、红椒各10克

调料 葱花、姜末、料酒、酱油、糖、味精、淀粉、香醋、辣椒油、色拉油各适量

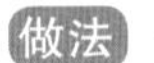

做法 1 青椒、红椒分别洗净，切丁。
2 油锅烧热，放入葱、姜略炸，再入青椒丁、红椒丁、藕丁煸炒，加料酒、酱油、糖、味精调味，用淀粉、水勾芡炒匀，淋入香醋、辣椒油即可出锅装盘。

原料 河藕200克，青椒片20克，红椒片20克，干辣椒段少许

调料 色拉油、葱花、姜末、蒜末、香醋、盐、味精各适量

做法 1 将河藕去皮，洗净，切成薄片。
2 锅置火上，烧热入油，投入葱花、姜末、蒜末爆香，再放藕片、青椒片、红椒片、干辣椒段煸炒，一边加入香醋、盐和味精，一边不停地翻炒，炒熟即可起锅装盘。

原料 鲜藕300克，青椒丝150克

调料 白醋、盐、味精、色拉油各适量

做法 1 鲜藕刨去皮洗净，切成丝，泡入清水中。
2 炒锅中倒入油少许，烧热后，放入青椒丝、鲜藕丝，加白醋、盐、味精调味炒熟即可。

Tips

购买莲藕时，应挑选外皮呈黄褐色、肉肥厚而白的。如果发黑，则不宜食用。

原料 香干300克，青小米椒1个，红小米椒1个，青蒜1棵

调料 姜末、盐、味精、酱油、红油、色拉油各适量

做法 1 香干切片；青小米椒、红小米椒切圈；青蒜切段。
2 锅加油烧热，放入姜末炝锅，加青小米椒、红小米椒干煸一下，放入香干翻炒，放入盐、味精、酱油调味，放入青蒜段翻炒，淋少许红油即可。

干炝茭白

原料 茭白3根

调料 干辣椒、花椒、盐、味精、花椒油、葱花、色拉油各适量

做法
1 茭白去皮，切滚刀块。干辣椒掰段。
2 锅加足量油，烧至七成热，放入茭白滑油至表面变色即捞出。
3 锅留底油，下干辣椒、花椒小火煸香，加入茭白、盐、味精炒熟，淋花椒油，撒葱花即可。

香菇荷兰豆

原料 香菇100克，荷兰豆100克，荸荠6个，红椒半个

调料 蒜蓉、盐、味精、色拉油各适量

做法
1 香菇洗净切片；荷兰豆去老筋，撕成小片洗净；荸荠洗净，去皮切片；红椒切片。
2 锅加油烧至五成热，下蒜蓉炒香，放香菇、荷兰豆翻炒几下，再放荸荠、红椒、盐、味精炒熟即可。

原料 平菇500克

调料 葱丝8克，姜丝10克，蒜片10克，料酒10克，盐1克，味精2克，水淀粉、色拉油各适量

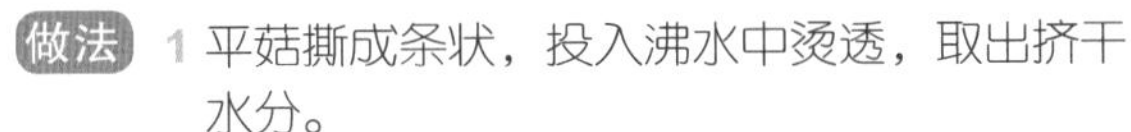

做法 1 平菇撕成条状，投入沸水中烫透，取出挤干水分。

2 炒锅加油烧热，放葱丝、姜丝、蒜片煸炒出香味，烹入料酒，加入平菇条、盐、味精烧至熟透入味，用水淀粉勾芡即成。

Tips

鲜平菇，炒时出水多，容易被炒老，须掌握好火候。

原料 鲜蘑150克，熟冬笋片100克，小葱段少许

调料 色拉油、素高汤、盐、味精、淀粉各适量

做法 1 鲜蘑洗净，切成厚片；锅置火上，加入适量清水烧沸，放入鲜蘑片、冬笋片焯水，倒入漏勺沥去水分。

2 将素高汤、盐、味精、淀粉放入碗中，调成均匀的味汁。

3 锅内放油烧热后，放入冬笋片略煸炒，再放入鲜蘑片煸炒，最后倒入味汁，翻炒后撒上小葱段即成。

原料 滑子菇200克，泡椒、青豆各适量

调料 蒜、盐、味精、料酒、水淀粉、色拉油各适量

做法 1 滑子菇清洗干净，和青豆一起焯水；泡椒切段。

2 锅置火上，放油烧热，再加蒜、泡椒略煸，加入青豆、滑子菇，用盐、味精、料酒调味，勾薄芡，翻炒装盘即可。

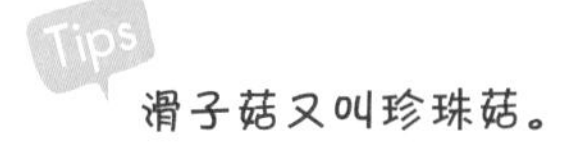

Tips

滑子菇又叫珍珠菇。

鲜蘑腐竹

原料 腐竹300克，鲜蘑50克，胡萝卜50克，青红椒各25克

调料 姜片2克，盐3克，糖2克，酱油6克，味精3克，素高汤、色拉油各适量

做法
1 用温水泡发腐竹，待完全涨发后，切成段；鲜蘑、胡萝卜、青红椒分别洗净切片。
2 锅内入油烧热，放姜片炝锅，放腐竹、鲜蘑片、胡萝卜片、青红椒片炒匀，加素高汤、盐、糖、酱油烧至汤汁浓后，加味精调味即可。

泡腐竹的水不宜过热，否则腐竹易碎。

杭椒炒蟹味菇

原料 蟹味菇250克，杭椒100克

调料 姜末5克，盐3克，味精2克，生抽15克，色拉油适量

做法
1 蟹味菇洗净，焯水冲凉；杭椒洗净，切片。
2 锅内加油烧热，下姜末、杭椒片炒出味，加入蟹味菇、盐、味精、生抽调味，炒匀出锅即可。

蟹味菇营养丰富，焯水时间不宜过长，否则会导致营养成分流失过多。

茭白炒蚕豆

原料 带壳蚕豆500克，茭白2根，红椒1个，梅干菜50克

调料 干辣椒段、姜末、蒜蓉、盐、味精、色拉油各适量

做法
1. 蚕豆去壳；茭白去皮，切小滚刀块；红椒切菱形片；梅干菜温水泡透，挤干切碎，入炒锅中炒干。
2. 锅放足量油烧热，放入蚕豆滑油，至表面起泡时，捞出沥油。
3. 锅留底油，放干辣椒段、姜末、蒜蓉小火炒香，放入蚕豆、茭白、红椒、梅干菜、盐、味精炒熟即可。

酸菜炒竹笋

原料 酸菜、高山细笋（罗汉笋）各200克，猪肉馅50克

调料 干辣椒、盐、味精、葱末、姜末、蒜末、色拉油各适量

做法
1. 酸菜切碎，挤干；细笋切小粒，入沸水中焯3分钟，捞出。
2. 锅加油烧热，下干辣椒炸出香味，下猪肉馅炒香，加葱末、姜末、蒜末煸炒，加入酸菜末、细笋粒炒匀，加盐、味精调味即可。

Tips 南方酸菜指雪里蕻。

烩群菇

原料 水发香菇75克，罐装蘑菇75克，鸡腿菇75克，袋装小蘑菇75克，白果16粒，泡椒10克

调料 姜片、葱段、泡椒汁、盐、味精、食用菌调料、色拉油各适量

做法
1. 白果剥壳，焐油后去膜、心；菇洗净，焯水。
2. 油烧热，将姜片、葱段煸香后去掉，加各种菇、白果、泡椒、泡椒汁煸炒，加清水烧至入味，用剩余调料调味即可。

素炒三丝

原料 扁豆150克，鲜平菇100克，木耳100克

调料 蒜、酱油、糖、盐、味精、色拉油各适量

做法
1. 扁豆、木耳切丝，焯水；平菇洗净，撕成条状；蒜切碎。
2. 炒锅加油烧热，放入蒜末爆香，加入扁豆丝、木耳丝、平菇条翻炒均匀，加入酱油、糖、盐、味精翻炒均匀至熟即可。

香干炒芹菜

原料 香干100克，芹菜200克，红椒50克

调料 色拉油、葱花、料酒、盐、味精各适量

做法 1 将芹菜去根、叶、筋，洗净，切成3厘米长的段，再斜切成片；香干、红椒分别洗净，切片。

2 炒锅置火上，加适量清水烧沸，将各原料放入焯水，倒入漏勺沥去水分。

3 锅烧热，倒入少许色拉油，烧热后倒入葱花煸香，将原料放入炒匀，烹上料酒，加适量盐、味精，翻炒几下，出锅装盘即可。

炒的过程中若有水分，可用水淀粉勾芡。

油豆腐炒小白菜

原料 油豆腐200克，小白菜150克

调料 蒜末、高汤、盐、味精、色拉油各适量

做法 1 白菜洗净，沥干水分。

2 炒锅加油烧热，放蒜末爆香，放入油豆腐、高汤烧至入味，再加小白菜、盐、味精用大火炒熟即可。

番茄烧豆腐

原料 豆腐250克，番茄150克

调料 番茄酱、高汤、盐、味精、葱花、色拉油各适量

做法

1. 豆腐洗净，切2厘米见方的块，放入六成热的油中炸至金色，捞出沥油。
2. 番茄洗净，去籽切块。
3. 炒锅放油烧热，放番茄酱炒一下，加高汤、豆腐块烧开，加盐炖至入味，加番茄、味精烧熟，撒葱花即可。

红烧冻豆腐

原料 冻豆腐300克，雪里蕻50克，猪肉50克

调料 淀粉10克，葱末5克，盐3克，酱油3克，味精2克，高汤、香菜、色拉油各适量

做法

1. 冻豆腐切块，拍一层淀粉，放入油中炸至金黄色；雪里蕻洗净切末；猪肉洗净剁末。
2. 锅内加油烧热，下葱末、肉末、雪里蕻炒香，加冻豆腐、高汤烧开，用盐、酱油烧熟，加味精调味，撒上香菜即可。

炸冻豆腐先压干水分，防止爆油。

翡翠豆腐

原料 豆腐400克，蚕豆瓣100克

调料 料酒、盐、味精、色拉油各适量

做法

1 豆腐切成块，用沸水(加盐少许)浸烫几分钟。

2 炒锅中倒入油少许，放入蚕豆瓣、豆腐块、料酒、盐、味精稍煸炒至豆瓣熟即可。

将豆腐放盐水中泡20～30分钟，能使其烹饪中不易碎。

家常豆腐

原料 油炸豆腐三角块200克，笋片50克，水发冬菇片50克，葱段50克，干辣椒5克

调料 番茄酱10克，盐、白糖、料酒、酱油、鲜汤、味精、水淀粉、色拉油各适量

做法 炒锅放油烧热，加入葱段、干辣椒、番茄酱、盐、白糖，煸炒至油呈红色，再加入油炸豆腐、笋片、冬菇、料酒、酱油，煸炒上色，加鲜汤，中小火烧入味，放入盐、味精，勾芡，淋明油，装盘即可。

香干药芹

原料 香干150克，药芹段200克

调料 盐、味精、色拉油各适量

做法 1 香干切成与药芹段相仿的条，洗净后用沸水浸烫数分钟。

2 炒锅中倒入油少许，放入药芹段、香干条、盐、味精，煸炒至药芹断生即可。

Tips

药芹，俗称芹菜，宜于清淡口味的菜肴。

豆腐烧板栗

原料 板栗180克，豆腐250克，苦瓜少许

调料 姜、葱段、清汤、豆豉、盐、白糖、酱油、味精、胡椒粉、色拉油各适量

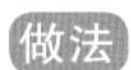

做法 1 板栗煮熟去壳；苦瓜切块。

2 豆腐切小块，入六成热油中炸至金黄色，待用。

3 锅留底油，放入姜、葱段炒香，加清汤、板栗、豆腐、豆豉、苦瓜块，再加盐、白糖、酱油、味精调味，改小火烧4分钟，撒上胡椒粉即成。

方干炒青椒

原料 豆腐方干2块，青椒200克

调料 盐、味精、色拉油各适量

做法
1 豆腐方干切成块，用沸水（加盐少许）浸烫数分钟；青椒去蒂、籽切成块。
2 炒锅中倒入油少许，放入青椒块、方干块、盐、味精炒至断生即可。

黑木耳炒腐竹

原料 黑木耳150克，腐竹150克，青红椒100克

调料 葱片10克，盐2克，味精4克，香油3克，色拉油适量

做法
1 黑木耳撕小朵；腐竹用水泡好，切斜刀；青红椒切圈。
2 锅内加水烧开，分别下黑木耳、腐竹焯水。
3 锅加油烧热，入葱片炒香，放黑木耳、腐竹、青红椒炒匀，加盐、适量水，待腐竹焖至熟透，用大火收汁，加味精炒熟，淋香油即可。

原料 日本豆腐200克，泡椒段80克

调料 淀粉、番茄酱、盐、色拉油各适量

做法
1 日本豆腐焯水后切片，裹匀淀粉后炸至金黄色结壳。
2 炒锅上火，倒入少许色拉油，放入泡椒、番茄酱略煸，下豆腐片翻炒，再加盐调味，淋油装盘即可。

泡椒熘豆腐

原料 水发腐竹400克，白果（去心）20粒

调料 姜片、葱段、料酒、盐、味精、香油、色拉油各适量

做法
1 腐竹切成段，入沸水锅焯水处理，沥干。
2 炒锅中倒入油少许，放入姜片、葱段、腐竹段、料酒、盐煸炒，加入清水、白果卤制入味，拣去姜片、葱片，再加入味精调味，淋香油装盘即可。

白果腐竹

红烧豆泡

原料 豆泡400克，红椒50克，青蒜2根

调料 姜片6克，盐4克，酱油5克，味精2克，高汤、色拉油各适量

做法
1 红椒切小块；青蒜洗净切段。
2 锅内加油烧热，放姜片、青蒜段炒香，放豆泡、红椒片炒匀，加入高汤烧沸，用盐、酱油烧至入味，加味精调味即可。

Tips

豆泡也可以自己做，豆腐切块，放入油中炸至金黄色即可。

红烧腐竹

原料 腐竹300克，木耳2朵，胡萝卜1/3个

调料 大葱6克，姜片3克，料酒10克，酱油10克，糖2克，盐2克，味精1克，色拉油适量

做法
1 腐竹用温水泡发，切段；木耳洗净去杂质，挤干水分，掰成朵；胡萝卜切斜刀片；葱、姜切末。
2 炒锅加油烧热，下葱、姜爆香，放腐竹段、木耳、胡萝卜片炒匀。
3 烹入料酒，加酱油、糖、盐、适量水烧至汁浓，放入味精炒匀即可。

糖醋面筋

原料 面筋300克，葱段50克，青椒片25克，尖椒25克，熟胡萝卜片25克

调料 盐、白糖、酱油、料酒、水淀粉、醋、香油、色拉油各适量

做法
1 面筋撕片，洗净，入沸水煮，洗净控干。
2 锅中倒入油少许，放入葱段、尖椒、面筋片、胡萝卜片、青椒片炒匀，加入盐、白糖、酱油、料酒调味，用水淀粉勾芡，淋醋、香油即可。

黑三剁

原料 黑色大头菜2块，青尖椒1个，红小米椒1个，猪肉末100克，芹菜末、洋葱末各少量

调料 盐、酱油、料酒、鸡精、香油、色拉油各适量

做法
1. 大头菜切丁，用水泡去盐分，挤干切碎，青椒、红小米椒切碎。
2. 锅加油烧热，放入猪肉末炒至干香，盛出。另起锅加油，放入大头菜碎炒香，盛出。
3. 锅洗净加油烧热，放入红小米椒煸出香味，放入大头菜碎、青尖椒、芹菜末、洋葱末炒匀，加入猪肉末翻炒，加入盐、酱油、料酒、鸡精、香油拌匀即可。

干烧鱼子豆腐

原料 鱼子、北豆腐各250克，五花肉100克

调料 干淀粉、老抽、香醋、白酒、葱、姜、蒜、香辣酱、香葱各适量

做法
1. 将鱼子和豆腐分别切块；豆腐两面煎黄备用；鱼子蘸上干淀粉，入油锅稍煎；将老抽、香醋、白酒调成味汁备用。
2. 锅中放油，煸香葱、姜、蒜，再放香辣酱炒香后放入肉片，煸炒至八成熟时倒入味汁，再放2勺开水，倒入豆腐和鱼子，盖盖儿大火收汁，出锅撒上香葱即可。

清炒素腰花

原料 魔芋素腰花200克，蚕豆瓣50克，红椒1个

调料 葱花、盐、料酒、味精、香油、色拉油各适量

做法
1. 将素腰花洗净，沥干水分；蚕豆瓣洗净，入沸水锅焯一下，捞出；红椒切成丝。
2. 油锅上火烧热，下葱花煸香，再下素腰花、蚕豆瓣、红椒丝同炒，加盐、料酒、味精调味，淋入香油即可出锅装盘。

兴国小野兔

原料 野兔肉（人工养殖）500克，杭椒50克，野山椒40克

调料 姜、葱、豆瓣酱、干尖椒、八角、料酒、清汤、盐、味精、冰糖、酱油、蚝油、色拉油各适量

做法 1 野山椒去蒂；杭椒切圆片；野兔肉漂净血水，入沸水焯透，捞出晾凉，控干。

2 锅放油烧热，下姜、葱、豆瓣酱、干尖椒、八角、料酒炒香，加入清汤、兔肉，大火烧开，加盐、味精、冰糖、酱油、蚝油调味，改小火烧透，撇去杂质，下野山椒、杭椒片，翻炒即成。

兔肉肉质细腻，与其他食物一起烹调会附上其他食物的味道，遂有“百味肉”之说。

泡椒牛蛙

原料 净牛蛙肉500克，泡椒300克，泡酸菜150克，葱段适量

调料 盐3克，味精3克，白糖5克，胡椒粉2克，料酒10克，醪糟汁60克，鲜汤20克，葱姜蒜末30克，色拉油适量

做法 1 净牛蛙斩块，入六成热油中炸至变色，捞出沥油；泡酸菜洗净，沥干切片；泡椒切段；盐、味精、白糖、胡椒粉、料酒、醪糟汁、鲜汤对成味汁。

2 锅放油烧热，下泡椒段、葱姜蒜末、泡酸菜片、葱段炒出味，加牛蛙块炒匀，烹入味汁，收汁起锅装盘。

原料 牛蛙300克，白果（银杏）200克

调料 盐、淀粉、葱段、姜块、蒜、酱油、糖、料酒、味精、色拉油各适量

做法 1 牛蛙宰杀，去内脏，洗净剁成块，用盐、淀粉上浆；白果入油锅中焐油至熟。

2 油锅烧热，下牛蛙滑油至熟，捞出沥油。

3 锅留底油，放入葱段、姜块、蒜炸香，放入牛蛙、白果，加酱油、糖、料酒、味精，颠锅炒匀，勾芡即可。

银杏牛蛙

原料 牛蛙600克，青笋80克

调料 蚝油、料酒、姜、湖南辣酱、灯笼泡椒、辣妹子辣酱、盐、味精、胡椒粉、白糖、色拉油各适量

做法 1 牛蛙治净，切块，加蚝油、料酒拌匀；青笋切丝，入沸水焯过。

2 炒锅放油烧热，将牛蛙炒至断生，待用。

3 锅留底油，放入姜、湖南辣酱、灯笼泡椒、辣妹子辣酱、料酒炒香，倒入牛蛙、青笋，加盐、味精、胡椒粉、白糖调味，烧4分钟，收汁即可。

馋嘴牛蛙

旺仔牛蛙

原料 牛蛙2只，旺仔小馒头1袋

调料 盐3克，料酒10克，水淀粉12克，葱、姜、蒜各5克，青红椒片各10克，味精1克，胡椒粉0.5克，色拉油800克

做法
1. 牛蛙宰杀去皮治净，剁成小块，用盐、料酒、水淀粉上浆。
2. 油锅烧至四成热，下牛蛙过油捞出。
3. 锅留底油，煸葱、姜、蒜和青红椒片，加水烧沸后放盐、味精、胡椒粉，勾芡，下牛蛙和旺仔小馒头翻炒均匀即可。

橄榄菜爆牛蛙

原料 牛蛙1只，红椒片、青椒片各20克，橄榄菜适量

调料 盐、淀粉、葱段、姜块、蒜、料酒、酱油、糖、味精、色拉油各适量

做法
1. 牛蛙宰杀后，去皮、内脏，洗净，剁成块，放入碗中，用盐、淀粉上浆。
2. 油锅烧热，放入蛙肉滑油至熟，沥油。
3. 锅留底油，加葱段、姜块、蒜、红椒片、青椒片、橄榄菜炒香，放蛙肉、料酒、酱油、糖炒熟，加盐、味精调味，勾芡，炒匀。

原料 年糕片150克，猪肉片、水发香菇片、青椒片、红椒片各50克

调料 郫县豆瓣酱、姜末、料酒、味精、色拉油各适量

做法 炒锅放油烧热，入郫县豆瓣酱、姜末炒至红色，放入猪肉片炒至断生，下香菇片和青椒片、红椒片一起炒，再放入年糕片、料酒、味精翻炒至汤汁收干即可起锅装盘。

炒年糕

素炒五丁

原料 胡萝卜丁75克，笋丁75克，方干丁50克，水发香菇丁20克，莴笋丁75克

调料 鲜汤、盐、味精、水淀粉、色拉油各适量

做法 1 将所有原料放入沸水中烫一下，捞出沥去水分。

2 锅置火上，放入油烧热，加入鲜汤、胡萝卜丁、笋丁、方干丁、香菇丁、莴笋丁、盐、味精，烧沸后用水淀粉勾薄芡，翻炒均匀，淋明油，起锅即可。

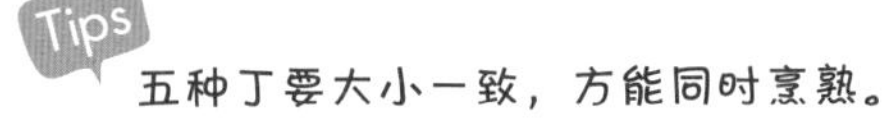

Tips 五种丁要大小一致，方能同时烹熟。

原料 芥菜疙瘩50克，胡萝卜75克，青椒75克，水发木耳50克，煮熟黄豆适量

调料 葱丝5克，姜丝3克，盐4克，白糖2克，味精2克，清汤、香油、色拉油各适量

做法 1 芥菜疙瘩、胡萝卜、青椒、木耳分别洗净，切成细丝。

2 炒锅里放油烧热，放入葱丝、姜丝煸炒，再放入四种原料丝和黄豆，旺火急速翻炒，随炒随加入盐、白糖、味精和清汤，见汤水已少，淋香油即可出锅装盘。

炒咸什

葱油裙带菜

原料 裙带菜300克

调料 葱、姜、泡椒、盐、味精、香油、色拉油各适量

做法
1 裙带菜用温水泡软、洗净，切成小方块备用；泡椒切成丝。
2 油锅上火烧热，下葱、姜煸香，将裙带菜、泡椒丝煸炒片刻，加盐、味精、香油调味后，出锅装盘即可。

香卤裙带菜

原料 裙带菜500克，香菇6朵，色拉油适量

调料 八角3粒，姜3片，酱油200毫升，冰糖10克，盐1小匙，辣椒、味精、香油各适量

做法
1 裙带菜洗净；香菇泡软切片；姜及辣椒洗净，切片待用。
2 油锅烧热，加香菇片、辣椒片、八角及姜片爆香，放入裙带菜炒香，再加清水、酱油和冰糖煮沸，放盐和味精，小火卤约10分钟起锅；捞出裙带菜沥汁，装盘淋香油即可。

剁椒粉皮

原料 粉皮400克，剁椒50克

调料 葱姜酒汁（葱、姜加料酒浸泡而成）、盐、味精、香油、色拉油各适量

做法
1 粉皮切成块，洗净后沥干。
2 炒锅中倒入油少许，放入剁椒煸香，加入粉皮、葱姜酒汁、盐、味精炒匀，最后淋上香油即可。

素炒酱丁

原料 豆腐干150克，香菇120克，黄瓜100克，胡萝卜50克

调料 姜、老干妈辣酱、蚝油、辣妹子辣酱、盐、味精、色拉油各适量

做法
1 豆腐干、香菇、黄瓜、胡萝卜均切丁，焯水，控水待用。
2 锅放油烧热，下姜、老干妈辣酱、蚝油、辣妹子辣酱炒香，倒入豆腐干丁、香菇丁、黄瓜丁、胡罗卜丁，加盐、味精调味，炒匀即可。

图书在版编目（CIP）数据

小炒一本就够／尚锦文化编. --北京：中国纺织出版社，2019.3（2023.9重印）
（百姓家常菜系列）
ISBN 978-7-5180-5478-7

I. ①小… II. ①尚… III. ①家常菜肴－炒菜－菜谱
IV. ①TS972.12

中国版本图书馆CIP数据核字（2018）第228332号

责任编辑：傅保娣　　责任校对：余静雯　　责任印制：王艳丽

中国纺织出版社出版发行
地址：北京市朝阳区百子湾东里A407号楼　邮政编码：100124
邮购电话：010－67004461　传真：010－87155801
http://www.c-textilep.com
E-mail：faxing@c-textilep.com
天津千鹤文化传播有限公司印刷　各地新华书店经销
2019年3月第1版　　2023年9月第4次印刷
开本：710×1000　1/16　印张：12
字数：192千字　定价：29.80元